上海市住房和城乡建设管理委员会

上海市安装工程概算定额

第一册　电气设备安装工程

SH 02—21(01)—2020

同济大学出版社
2021　上　海

图书在版编目(CIP)数据

上海市安装工程概算定额.第一册，电气设备安装工程 SH 02—21(01)—2020 / 上海市建筑建材业市场管理总站主编. --上海：同济大学出版社，2021.4

ISBN 978-7-5608-9840-7

Ⅰ.①上… Ⅱ.①上… Ⅲ.①建筑安装—建筑概算定额—上海 ②电气设备—设备安装—建筑概算定额—上海 Ⅳ.①TU723.34

中国版本图书馆 CIP 数据核字(2021)第 049284 号

上海市安装工程概算定额　第一册　电气设备安装工程　SH 02—21(01)—2020

上海市建筑建材业市场管理总站　主编

责任编辑 朱　勇　**责任校对** 徐春莲　**封面设计** 陈益平

出版发行　同济大学出版社　www.tongjipress.com.cn

(地址：上海市四平路 1239 号　邮编：200092　电话：021-65985622)

经　　销　全国各地新华书店

印　　刷　常熟市大宏印刷有限公司

开　　本　890mm×1240mm　1/16

印　　张　14.5

字　　数　464 000

版　　次　2021 年 4 月第 1 版　2021 年 4 月第 1 次印刷

书　　号　ISBN 978-7-5608-9840-7

定　　价　158.00 元

上海市建设工程概算定额修编委员会

主　　任：黄永平

副 主 任：裴　晓　王扣柱　董爱华　周建国　顾晓君　姜执伟

委　　员：陈　雷　马　燕　金宏松　杨文悦　方　琪　孙晓东
苏耀军　应敏伟　杨志杰　汪结春　干　斌　徐　忠

上海市建设工程概算定额修编工作组

组　　长：马　燕

副 组 长：方　琪　孙晓东　涂荣秀　许倩华　应敏伟　曹虹宇
夏　杰　莫　非　汪崇庆

组　　员：朱　迪　蒋宏彦　程德慧　汪一江　田洁莹　彭　磊
张　竹　康元鸣　黄　英　辛　隽　乐　翔　张红梅

上海市安装工程概算定额

主 编 单 位：上海市建筑建材业市场管理总站

参 编 单 位：上海鑫元建设工程咨询有限公司

主要编制人员：蒋宏彦　汪一江　杨秋萍　乐嘉栋　徐　俊　陈霞娟
柳　欣　茹少勇　黄　芳　高淑玲　顾　捷　周　隽
李　颖　顾慧莹　吴舜伟　庄文浩　杨俊毅　汤励能
高玲玲　肖　娴　陈宏聪

审 查 专 家：冯　闻　朱振宇　祝金阳　侯立新　王大春　朱钢敏
左琦炜　戴元夏　俞　洋　薛贵喜　吕　俭　杨伟鸣

上海市住房和城乡建设管理委员会文件

沪建标定〔2020〕795 号

上海市住房和城乡建设管理委员会
关于批准发布《上海市建筑和装饰工程概算定额(SH 01—21—2020)》《上海市市政工程概算定额(SH A1—21—2020)》等 4 本工程概算定额的通知

各有关单位：

为进一步完善本市建设工程计价依据，满足工程建设全生命周期的计价需求，根据《上海市建设工程定额体系表 2018》及《2017 年度上海市建设工程及城市基础设施养护维修定额编制计划》，《上海市建筑和装饰工程概算定额(SH 01—21—2020)》《上海市市政工程概算定额(SH A1—21—2020)》《上海市安装工程概算定额(SH 02—21—2020)》《上海市燃气管道工程概算定额(SH A6—21—2020)》(以下简称“新定额”)等 4 本工程概算定额编制完成并经有关部门会审，现予以发布，自 2021 年 5 月 1 日起实施。

原《上海市建筑和装饰工程概算定额(2010)》《上海市建筑和装饰工程概算定额(2010)装配式建筑补充定额》《上海市市政工程概算定额(2010)》《上海市安装工程概算定额(2010)》及《上海市公用管线工程概算定额(2010)》(燃气管线工程)同时废止。

本次发布的新定额由市住房城乡建设管理委负责管理，由上海市建筑建材业市场管理总站负责组织实施和解释。

特此通知。

上海市住房和城乡建设管理委员会

二〇二〇年十二月三十一日

总　说　明

一、《上海市安装工程概算定额》(以下简称本定额)，包括电气设备安装工程，建筑智能化工程，通风空调工程，消防工程，给排水、采暖、燃气及工业管道工程，共五册。

二、本定额适用于本市行政区域范围内新建、改建、扩建的安装工程。

三、采用本定额进行概算编制的应遵循定额中定额编号、工程量计算规则、项目划分及计量单位。

四、本定额是编制设计概算(书)的参考依据，是进行项目建设投资评审、设计方案比选的参考依据，是编制估算指标的基础。

五、本定额以国家和本市现行建设工程强制性标准、推荐性标准、设计规范、标准图集、施工验收规范、技术操作规程、质量评定标准，产品标准和安全操作规程为依据编制，并参考了国家和本市行业标准，以及典型工程案例，具有代表性的工程设计、施工和其他资料。

六、本定额综合了本市安装工程预算定额的内容和含量，包括了安装工程的工料机消耗量，其他相关费用应依据国家和本市现行取费规定计算。

七、本定额主要是在《上海市安装工程预算定额(SH 02—31—2016)》基础上，以主要分项工程综合相关工序的综合定额，即按主要分项工程规定的计量单位、计算规则及综合相关工序的预算定额计算而得的人工、材料及制品、机械台班的消耗标准，体现了上海地区社会平均水平。

八、本定额中材料与机械消耗量均以主要工序用量为准。难以计量的零星材料与机械列入其他材料费或其他机械费中，以该项目材料或机械之和的百分率表示。

九、本定额所采用的材料(包括构配件、零件、半成品及成品)均为符合质量标准和设计要求的合格产品；若品种、规格、型号、强度等级与设计不符时，可按各章节规定调整。定额未注明材料规格、强度等级的应按设计要求选用。

十、本定额中的工作内容已说明了主要的施工工序，次要工序虽未说明，但均已包括在内。

十一、本定额与《上海市安装工程预算定额(SH 02—31—2016)》配套使用，在应用中有缺项的定额，可执行预算定额相应项目，或按设计需要，遵循编制原则进行补充与调整。

十二、关于水平和垂直运输：

(一) 工程设备：包括自安装现场指定堆放地点运至安装地点的水平和垂直运输。

(二) 材料、成品、半成品：包括施工单位现场仓库或现场指定堆放地点运至安装地点的水平和垂直运输。

(三) 垂直运输基准面：室内以室内地平面为基准面，室外以安装现场地平面为基准面。

(四) 安装操作物高度距离标准以各分册定额为依据。

十三、本定额中材料栏内带“(　　)”表示主材。

十四、本定额注有“××以内”或“××以下”者，均包括××本身；“××以外”或“××以上”者，则不包括××本身。

十五、凡本说明未尽事宜，详见各章节说明和附录。

上海市安装工程概算定额费用计算说明

一、直接费

直接费是施工过程中耗费的构成工程实体和部分有助于工程形成的各项费用[包括人工费、材料费、施工机械(机具)使用费和零星工程费]。直接费中不包含增值税可抵扣进项税额。

1. 人工费

人工费是指支付给直接从事建筑安装工程施工作业的生产工人的各项费用。

2. 材料费

材料费是指工程施工过程中耗费的各种原材料、半成品、构配件等的费用,以及周转材料等的摊销、租赁费用。

3. 施工机械(机具)使用费

施工机具(机械)使用费是指工程施工作业所发生的施工机具(机械)、仪器仪表使用费或其租赁费。

4. 零星工程费

零星工程费是指设计图纸未反映,定额直接费计算中未包括,可能发生的其他构成工程实体的费用。零星工程费是以直接费为基数,乘以相应的费率计算。

二、企业管理费和利润

1. 企业管理费

企业管理费是指施工单位为组织施工生产和经营管理所发生的费用。企业管理费不包含增值税可抵扣进项税额。

2. 利润

利润是指施工单位从事建筑安装工程施工所获得的盈利。

企业管理费和利润是以直接费中的人工费为基数,乘以相应的费率计算。

三、安全文明施工费

安全文明施工费是指在工程项目施工期间,施工单位为保证安全施工、文明施工和保护现场内外环境等所发生的措施项目费用。安全文明施工费中不包含增值税可抵扣进项税额。

安全文明施工费是以直接费与企业管理费和利润之和为基数,乘以相应的费率计算。

四、施工措施费

施工措施费是指为完成工程项目施工,发生于该工程施工前和施工过程中,非工程实体项目的费用。施工措施费中不包含增值税可抵扣进项税额。

施工措施费是以直接费与企业管理费和利润之和为基数,乘以相应的费率计算。

五、规费

规费是指按国家法律、法规规定,由上海市政府和上海市有关权力部门规定施工单位必须缴纳,应计入建筑安装工程造价的费用。主要包括:社会保险费(养老、失业、医疗、生育和工伤保险费)和住房公积金。

规费是以直接费中的人工费为基数,乘以相应的费率计算。

六、增值税

增值税即为当期销项税额。

当期销项税额是以税前工程造价为基数,乘以增值税税率计算。

七、上海市安装工程概算费用计算顺序表

上海市安装工程概算费用计算顺序表

序号	项目		计算式	备注
一	直接费	工、料、机费	按概算定额子目规定计算	包括说明
二		零星工程费	(一)×费率	
三		其中:人工费	概算定额人工费+零星工程人工费	零星工程人工费按零星工程费的20%计算
四	企业管理费和利润		(三)×费率	
五	安全文明施工费		[(一)+(二)+(四)]×费率	
六	施工措施费		[(一)+(二)+(四)]×费率(或按拟建工程计取)	
七	小计		(一)+(二)+(四)+(五)+(六)	
八	规费	社会保险费	(三)×费率	
九		住房公积金	(三)×费率	
十	增值税		[(七)+(八)+(九)]×增值税税率	
十一	安装工程费		(七)+(八)+(九)+(十)	

册　说　明

一、本册定额主要包括：变压器及柴油发电机组、配电装置、母线、控制设备及低压电器、蓄电池与太阳能及不间断电源设备、电动机检查接线及调试、滑触线装置、电缆敷设、防雷及接地装置、配管和配线、照明器具等安装工程，共十一章。

二、本册定额适用于35kV、10kV的变配电装置，10kV以下电气设备安装工程。

三、本册定额不包括带负荷试运转(除柴油发电机组安装外)、系统联合试运转及试运转所需油(油脂)、气等费用，发生时另行计算。

四、关于下列各项费用的规定：

(一) 脚手架搭拆费(35kV变配电工程除外)按全部电气安装工程人工费的2%计取脚手架搭拆费，其中人工占25%，其余为材料。室外埋地电缆、路灯工程不计脚手架搭拆费用。

(二) 工程超高费(即操作高度增加费，已考虑了超过因素的定额项目除外，如路灯安装、投光灯、氙气灯、烟囱、水塔独立式塔架标志灯)：按操作物高度离楼地面5m为限，超过部分工程量按定额人工乘以下表系数。工程超高费全部为人工费用。

操作物高度	≤10m	≤20m	>20m
系数	1.25	1.4	1.8

(三) 高层建筑增加费：高层建筑(指高度在6层或20m以上的工业和民用建筑)增加的费用按下表分别计取。

层数(层)	≤9	≤12	≤15	≤18	≤21	≤24	≤27	≤30	≤33	≤36
按人工量的%	1	2	4	6	8	10	13	16	19	22
层数(层)	≤39	≤42	≤45	≤48	≤51	≤54	≤57	≤60	≤65	≤70
按人工量的%	25	28	31	34	37	40	43	46	49	52
层数(层)	≤75	≤80	≤85	≤90	≤95	≤100	≤105	≤110	≤115	≤120
按人工量的%	55	58	61	64	67	70	73	76	79	82

高层建筑增加费用中，其中75%为人工降效，其余为机械降效。

目　　录

第一章　变压器及柴油发电机组安装

说　　明

一、本章包括油浸式变压器安装、干式变压器安装、组合型成套箱式变电站安装、变配电站房附属装置安装、变压器系统调试、柴油发电机组安装等。

二、油浸式变压器油是按设备自带考虑的，安装定额中已包括变压器油过滤损耗及操作损耗。

三、三相电力变压器安装定额不适用于各种单相变压器安装。

四、组合型成套箱式变电站基础执行上海市建筑与装饰工程相关定额。

五、油浸式变压器、干式变压器安装已综合支架制作安装及刷油。

六、变配电站房附属装置安装定额已综合站房内照明配管配线、灯具、开关、插座和接地装置安装。

七、柴油发电机组安装已综合柴油发电机单机调试。

工程量计算规则

一、变压器、柴油发电机组等区分设备容量，按设计图示数量计算，以“台”为计量单位。

二、组合型成套箱式变电站区分设备容量，按设计图示数量计算，以“座”为计量单位。

三、变配电站房附属装置区分变配电装置总容量，按总容量计算，以“100kV·A”为计量单位。

四、变压器系统调试是按每个电压侧有一台断路器考虑的，以“系统”为计量单位。若断路器多于一台时，则按相应的电压等级另行计算送配电设备系统调试费。

第一节　定额消耗量

一、油浸式变压器安装

工作内容：本体设备安装、基础槽钢制作安装。

定额编号				B-1-1-1	B-1-1-2	B-1-1-3	B-1-1-4
项目				35kV 油浸式变压器安装			10kV 油浸式变压器安装
				S≤2000kV·A	S≤8000kV·A	S≤31500kV·A	S≤500kV·A
		名称	单位	台	台	台	台
人工	00050101	综合人工 安装	工日	26.9745	76.3625	127.3745	11.1589
材料	01130334	热轧镀锌扁钢 25～45	kg	4.5000	4.5000	5.0000	3.1000
	01130336	热轧镀锌扁钢 50～75	kg	1.0191	1.0191	1.0191	1.0191
	01190203-2	热轧槽钢 10#	m	4.5150	4.5150	4.5150	4.5150
	01290248	热轧钢板(薄板) δ2.5	kg	0.4300	0.4300	0.4300	0.4300
	01291901	钢板垫板	kg	6.0000	8.0000	10.0000	5.0000
	02070415	耐热橡胶垫 δ8	m^2		0.0600	0.1500	
	02090311	聚氯乙烯薄膜 δ0.05	m^2	3.0000	4.8000	8.4000	1.5000
	03130114	电焊条 J422 φ3.2	kg	1.2858	1.2858	1.6858	1.1858
	03152510	镀锌铁丝 10#～12#	kg	2.5000	3.4000	4.6000	1.0000
	05031011	硬木板材	m^3		0.0540	0.1200	
	05032753	道木 2500×200×160	根	0.5220	3.2440	9.6000	
	13010101	调和漆	kg	3.4450	6.2450	9.8450	1.6450
	13010421	酚醛磁漆	kg	0.2600	0.4600	0.6500	0.2000
	13011011	清油 C01-1	kg	0.2150	0.2150	0.2150	0.2150
	13050511	醇酸防锈漆 C53-1	kg	0.9111	0.9611	0.9611	1.3611
	14030101	汽油	kg	0.3600	0.8400	1.8000	0.3000
	14050111	溶剂油 200#	kg	0.1505	0.1505	0.1505	0.1505
	14050201	松香水	kg	0.1720	0.1720	0.1720	0.1720
	14050501	变压器油	kg	18.0000	48.0000	114.0000	7.0000
	14090611	电力复合酯 一级	kg	0.0500	0.0500	0.0500	0.0500
	14390101	氧气	m^3	1.4450	1.9450	2.6450	0.6450
	14390302	乙炔气	kg	0.3990	0.5490	0.7790	0.1290
	27170416	电气绝缘胶带(PVC) 18×20m	卷	0.3000	0.4600	0.6500	
	34090711	白纱带 20×20m	卷	0.5600	0.9200	1.3000	1.3000
	X0045	其他材料费	%	0.5600	0.5200	0.5100	0.6200
机械	99070530	载重汽车 5t	台班	0.0712			0.1158
	99070550	载重汽车 8t	台班	0.1404			
	99070560	载重汽车 10t	台班		0.1834	0.3788	
	99090360	汽车式起重机 8t	台班	0.7260			0.1240
	99090390	汽车式起重机 12t	台班		1.0150	1.5716	
	99091460	电动卷扬机 单筒慢速 30kN	台班		0.3000	1.0400	
	99250010	交流弧焊机 21kV·A	台班	0.4811	0.4811	0.5811	0.4811

工作内容：本体设备安装、基础槽钢制作安装。

定　额　编　号				B-1-1-5	B-1-1-6
项　　目				10kV 油浸式变压器安装	
				S≤2000kV·A	S≤4000kV·A
名　　称			单位	台	台
人工	00050101	综合人工 安装	工日	24.1953	38.3065
材料	01130334	热轧镀锌扁钢 25～45	kg	3.1000	3.1000
	01130336	热轧镀锌扁钢 50～75	kg	1.0191	1.0191
	01190203-2	热轧槽钢 10#	m	4.5150	4.5150
	01290248	热轧钢板(薄板) δ2.5	kg	0.4300	0.4300
	01291901	钢板垫板	kg	5.0000	5.0000
	02090311	聚氯乙烯薄膜 δ0.05	m^2	3.0000	4.5000
	03130114	电焊条 J422 φ3.2	kg	1.1858	1.1858
	03152510	镀锌铁丝 10#～12#	kg	1.0000	1.0000
	13010101	调和漆	kg	1.6450	1.6450
	13010421	酚醛磁漆	kg	0.2600	0.3000
	13011011	清油 C01-1	kg	0.2150	0.2150
	13050511	醇酸防锈漆 C53-1	kg	1.3611	1.3611
	14030101	汽油	kg	0.3000	0.3000
	14050111	溶剂油 200#	kg	0.1505	0.1505
	14050201	松香水	kg	0.1720	0.1720
	14050501	变压器油	kg	7.0000	7.0000
	14090611	电力复合酯 一级	kg	0.0500	0.0500
	14390101	氧气	m^3	1.4450	1.8450
	14390302	乙炔气	kg	0.4690	0.6490
	34090711	白纱带 20×20m	卷	1.8000	2.0000
	X0045	其他材料费	%	0.6100	0.6700
机械	99070550	载重汽车 8t	台班	0.1668	
	99070560	载重汽车 10t	台班		0.1780
	99090360	汽车式起重机 8t	台班	0.5220	
	99090390	汽车式起重机 12t	台班		0.5420
	99250010	交流弧焊机 21kV·A	台班	0.4811	0.4811

二、干式变压器安装

工作内容：本体设备安装、基础槽钢制作安装。

定额编号				B-1-1-7	B-1-1-8	B-1-1-9	B-1-1-10
项目				35kV 干式变压器安装			10kV 干式变压器安装
				S≤2000kV·A	S≤8000kV·A	S≤31500kV·A	S≤500kV·A
名称			单位	台	台	台	台
人工	00050101	综合人工 安装	工日	16.9945	32.4565	46.4505	6.3395
材料	01130334	热轧镀锌扁钢 25～45	kg	1.6600	2.5240	3.1000	1.6600
	01130336	热轧镀锌扁钢 50～75	kg	1.0191	1.0191	1.0191	1.0191
	01190203-2	热轧槽钢 10#	m	4.5150	4.5150	4.5150	4.5150
	01290248	热轧钢板(薄板) δ2.5	kg	0.4300	0.4300	0.4300	0.4300
	01291901	钢板垫板	kg	4.7300	7.3200	10.0000	2.6790
	02090311	聚氯乙烯薄膜 δ0.05	m^2	1.8000	2.8000	6.9000	1.5000
	03130114	电焊条 J422 ϕ3.2	kg	0.9658	0.9778	1.0178	1.0208
	03152510	镀锌铁丝 10#～12#	kg	1.6000	2.5000	2.8000	0.9400
	13010101	调和漆	kg	0.6650	0.6650	0.7090	1.6450
	13011011	清油 C01-1	kg	0.2150	0.2150	0.2150	0.2150
	13050401	防锈漆	kg	0.0100	0.0100	0.0200	0.3800
	13050511	醇酸防锈漆 C53-1	kg	0.7611	0.7611	0.7611	0.7611
	14030101	汽油	kg	0.5000	0.5600	1.0000	0.3800
	14050111	溶剂油 200#	kg	0.1505	0.1505	0.1505	0.1505
	14050201	松香水	kg	0.1720	0.1720	0.1720	0.1720
	14090611	电力复合酯 一级	kg	0.0100	0.0160	0.0200	0.0100
	14390101	氧气	m^3	0.6450	0.6450	0.6450	0.6450
	14390302	乙炔气	kg	0.1290	0.1290	0.1290	0.1290
	X0045	其他材料费	%	0.7900	0.7200	0.6600	0.7200
机械	99070530	载重汽车 5t	台班				0.0448
	99070550	载重汽车 8t	台班	0.2622			
	99070580	载重汽车 12t	台班		0.1970	0.3620	
	99090360	汽车式起重机 8t	台班				0.0448
	99090390	汽车式起重机 12t	台班	0.4300	0.6500		
	99090400	汽车式起重机 16t	台班			1.6500	
	99250010	交流弧焊机 21kV·A	台班	0.7311	1.0511	1.6511	0.6311

定　额　编　号				B-1-1-11	B-1-1-12	B-1-1-13
项　　目				10kV 干式变压器安装		
				S≤1000kV·A	S≤2000kV·A	S≤4000kV·A
名　称			单位	台	台	台
人工	00050101	综合人工 安装	工日	12.1185	16.3545	23.8625
材料	01130334	热轧镀锌扁钢 25～45	kg	1.6600	1.6600	2.5240
	01130336	热轧镀锌扁钢 50～75	kg	1.0191	1.0191	1.0191
	01190203-2	热轧槽钢 10#	m	4.5150	4.5150	4.5150
	01290248	热轧钢板(薄板) δ2.5	kg	0.4300	0.4300	0.4300
	01291901	钢板垫板	kg	4.7300	4.7300	7.3200
	02090311	聚氯乙烯薄膜 δ0.05	m^2	1.5000	2.5000	2.5000
	03130114	电焊条 J422 ϕ3.2	kg	1.1358	1.1358	1.2458
	03152510	镀锌铁丝 10#～12#	kg	1.0000	1.0000	2.5000
	13010101	调和漆	kg	2.3250	2.4450	3.4450
	13011011	清油 C01-1	kg	0.2150	0.2150	0.2150
	13050401	防锈漆	kg	0.8000	1.0000	1.3000
	13050511	醇酸防锈漆 C53-1	kg	0.7611	0.7611	0.7611
	14030101	汽油	kg	0.5000	0.6000	0.9200
	14050111	溶剂油 200#	kg	0.1505	0.1505	0.1505
	14050201	松香水	kg	0.1720	0.1720	0.1720
	14090611	电力复合酯 一级	kg	0.0100	0.0100	0.0160
	14390101	氧气	m^3	0.6450	0.6450	0.6450
	14390302	乙炔气	kg	0.1290	0.1290	0.1290
	X0045	其他材料费	%	0.7100	0.7900	0.6400
机械	99070530	载重汽车 5t	台班	0.0560		
	99070550	载重汽车 8t	台班	0.1236	0.2340	0.1120
	99070580	载重汽车 12t	台班			0.0984
	99090360	汽车式起重机 8t	台班	0.2804	0.4210	0.1868
	99090400	汽车式起重机 16t	台班			0.2802
	99250010	交流弧焊机 21kV·A	台班	0.6311	0.7311	0.8511

三、组合型成套箱式变电站安装

工作内容：本体安装及调试。

定额编号				B-1-1-14	B-1-1-15
项目				组合型成套箱式变电站安装	
				S≤630kV·A	S≤1600kV·A
名称			单位	座	座
人工	00050101	综合人工 安装	工日	19.9626	28.5070
材料	01130336	热轧镀锌扁钢 50～75	kg	105.6000	228.0000
	01291901	钢板垫板	kg	12.1000	23.4000
	03130114	电焊条 J422 ϕ3.2	kg	0.2000	0.2500
	03131901	焊锡	kg	0.3600	0.5600
	03131941	焊锡膏 50g/瓶	kg	0.0720	0.1120
	13010101	调和漆	kg	0.5000	0.8000
	13050511	醇酸防锈漆 C53-1	kg	0.5000	0.8000
	14030101	汽油	kg	0.5000	1.3800
	14050501	变压器油	kg	0.2000	1.3800
	14090611	电力复合酯 一级	kg	0.0200	0.0300
	27170517	自粘性橡胶绝缘胶带 25×20m	卷	0.6960	0.8700
	28030906	铜芯橡皮绝缘电线 BX-500V $2.5mm^2$	m	1.3930	1.7410
	X0045	其他材料费	%	0.5100	0.5100
机械	98050550	高压绝缘电阻测试仪 3124	台班	1.3150	1.8690
	98050730	变压器电阻测试仪 JD2520	台班	1.3150	1.8690
	98050765	电容分压器交直流高压测量系统(TPFRC)	台班	1.3150	1.8690
	98050790	电能校验仪 ST9040	台班	4.6780	5.9810
	98070880	直流高压发生器 ZGF-200	台班	1.3150	1.8690
	98071310	大电流发生器 2000A	台班	1.3150	1.8690
	98110415	微机继电保护测试仪	台班	2.6300	3.7380
	98110470	回路电阻测试仪	台班	1.3150	1.8690
	98150311	自动介损测试仪	台班	1.3150	1.8690
	98410130	全自动变比组别测试仪	台班	1.3150	1.8690
	98410150	变压器特性综合测试台	台班	1.3150	1.8690
	98470040	高压试验变压器装置 YDJHJ12-E	台班	2.6300	3.7380
	98470080	充气式试验变压器 YDQ	台班	1.3150	1.8690
	98470660	高压核相仪	台班	5.1550	6.5420
	99070530	载重汽车 5t	台班	0.4670	
	99070550	载重汽车 8t	台班		0.3740
	99090360	汽车式起重机 8t	台班	0.3962	
	99090400	汽车式起重机 16t	台班		0.3740
	99250010	交流弧焊机 21kV·A	台班	0.2000	0.2500

四、变配电站房附属装置

工作内容：照明配管、配线、灯具、插座、接地。

定额编号				B-1-1-16	B-1-1-17	B-1-1-18	B-1-1-19
项目				变配电站附属装置			
				S≤1000kV·A	1000kV·A<S≤2000kV·A	2000kV·A<S≤4000kV·A	S>4000kV·A
名称			单位	100kV·A	100kV·A	100kV·A	100kV·A
人工	00050101	综合人工 安装	工日	6.8643	4.3921	2.6681	2.6665
材料	Z25050001	双管荧光灯	套	(6.9286)	(6.9286)	(1.5352)	(1.5352)
	Z28030215	铜芯聚氯乙烯绝缘线 BV-2.5mm²	m	(29.4345)	(24.0065)	(3.0285)	(3.0285)
	Z28271101-4	控制电缆 37 芯以下	m	(0.3350)	(0.0386)	(0.0436)	(0.0436)
	Z29060011-3	焊接钢管(电管) DN25	m	(37.6980)			
	Z29060011-4	焊接钢管(电管) DN32	m		(14.2140)	(15.6560)	(15.6560)
	Z29060011-5	焊接钢管(电管) DN40	m	(0.2678)	(0.1545)	(0.8240)	(0.8240)
	26050401	照明开关 单联	个	3.5292	3.5292	0.8160	0.8160
	26410901-3	单相三眼安全插座 16A	个	2.3052	2.3052	0.2856	0.2856
	29110201	接线盒	个	12.8316	12.8316	5.7120	5.7120
	27061701	镀锌角钢接地极 L50×50×5	根	0.4935	0.2100	0.1050	0.1050
	01130332	镀锌扁钢 40×4	m	7.4865	5.9325	2.2050	2.2050
	01130336	热轧镀锌扁钢 50～75	kg	0.6284	0.4531	0.1751	0.1751
	01150103	热轧型钢 综合	kg	0.5880	0.5827	0.3990	0.3811
	03011106	木螺钉 M2～4×6～65	10 个	5.4704	5.4704	1.1731	1.1731
	03011118	木螺钉 M4.5～6×15～100	10 个	0.4701	0.4701	0.0582	0.0582
	03011120	木螺钉 M4×65 以下	10 个	6.3365	2.3927	2.6790	2.6790
	03014223	镀锌六角螺栓连母垫 M10×40	10 套	0.0353	0.0350	0.0239	0.0229
	03018171	膨胀螺栓(钢制) M6	套	0.1750	0.1010	0.5386	0.5386
	03018807	塑料膨胀管(尼龙胀管)M6～8	个	78.8976	38.3802	30.2824	30.2824
	03110215	尼龙砂轮片 φ400	片	0.0031	0.0031	0.0021	0.0020
	03130114	电焊条 J422 φ3.2	kg	0.5212	0.2701	0.2056	0.2051
	03131901	焊锡	kg	0.0505	0.0412	0.0052	0.0052
	03131941	焊锡膏 50g/瓶	kg	0.0025	0.0021	0.0003	0.0003
	03152513	镀锌铁丝 14#～16#	kg	0.2444	0.0922	0.1058	0.1058
	03152516	镀锌铁丝 18#～22#	kg	0.0572	0.0572	0.0108	0.0108
	01030117	钢丝 φ1.6～2.6	kg	0.0227	0.0185	0.0023	0.0023
	01090110	圆钢 φ5.5～9	kg	0.3366	0.1284	0.1590	0.1590
	03210203	硬质合金冲击钻头 φ6～8	根	0.5443	0.2772	0.2086	0.2086
	05254005	圆木台 φ63～138	块	6.9972	6.9972	1.5504	1.5504
	13010101	调和漆	kg	0.1516	0.1219	0.0481	0.0478
	13011011	清油 C01-1	kg	0.1365	0.0662	0.0750	0.0749
	13050201	铅油	kg	0.3218	0.1538	0.1777	0.1777
	13050511	醇酸防锈漆 C53-1	kg	0.9516	0.4605	0.5277	0.5274

定额编号				B-1-1-16	B-1-1-17	B-1-1-18	B-1-1-19
项目				变配电站附属装置			
				S≤1000kV•A	1000kV•A<S≤2000kV•A	2000kV•A<S≤4000kV•A	S>4000kV•A
名称			单位	100kV•A	100kV•A	100kV•A	100kV•A
材料	13053111	沥青清漆	kg	0.2050	0.0781	0.0876	0.0876
	14030101	汽油	kg	0.1293	0.1034	0.0134	0.0134
	14050111	溶剂油 200#	kg	0.2362	0.1149	0.1315	0.1314
	14050201	松香水	kg	0.0028	0.0028	0.0019	0.0018
	17010139	焊接钢管 DN40	m	0.2852	0.2260	0.0840	0.0840
	18031113	钢制外接头 DN25	个	6.0317			
	18031114	钢制外接头 DN32	个		2.2742	2.5050	2.5050
	18031115	钢制外接头 DN40	个	0.0428	0.0247	0.1318	0.1318
	25610111	灯钩 大号	个	13.9944	13.9944	3.1008	3.1008
	25610301	瓜子灯链	m	20.7858	20.7858	4.6056	4.6056
	26311411	吊线盒 3A	个	6.9286	6.9286	1.5352	1.5352
	27150312	瓷接头 双路	个	7.0658	7.0658	1.5656	1.5656
	27170311	黄漆布带 20×40m	卷	0.0632	0.0515	0.0065	0.0065
	27170416	电气绝缘胶带(PVC) 18×20m	卷	0.1011	0.0824	0.0104	0.0104
	28030813	聚氯乙烯双股胶质软线 2×23/0.15mm²	m	10.4752	10.4752	2.3210	2.3210
	29062514	锁紧螺母(钢管用) M25	个	5.6547			
	29062515	锁紧螺母(钢管用) M32	个		2.1321	2.3484	2.3484
	29062516	锁紧螺母(钢管用) M40	个	0.0402	0.0232	0.1236	0.1236
	29062813	管卡子(钢管用) DN25	个	31.2893			
	29062814	管卡子(钢管用) DN32	个		11.7976	12.9945	12.9945
	29062815	管卡子(钢管用) DN40	个	0.1767	0.1020	0.5438	0.5438
	29063213	塑料护口(电管用) DN25	个	5.6547			
	29063214	塑料护口(电管用) DN32	个		2.1321	2.3484	2.3484
	29063215	塑料护口(电管用) DN40	个	0.0402	0.0232	0.1236	0.1236
	29252681	镀锌电缆固定卡子 2×35	个	0.0772	0.0089	0.0101	0.0101
	34130112	塑料扁形标志牌	个	0.0198	0.0023	0.0026	0.0026
	80060211	干混抹灰砂浆 DP M5.0	m³	0.0038	0.0038	0.0017	0.0017
	28030215	铜芯聚氯乙烯绝缘线 BV-2.5mm²	m	4.5262	4.5262	0.8784	0.8784
	X0045	其他材料费	%	6.0800	6.0400	6.0200	6.0200
机械	99190830	电动煨弯机 φ100	台班	0.0168	0.0064	0.0077	0.0077
	99230170	砂轮切割机 φ400	台班	0.0011	0.0011	0.0008	0.0007
	99250010	交流弧焊机 21kV•A	台班	0.2832	0.1456	0.1095	0.1093

五、变压器系统调试

工作内容：变压器、断路器、互感器、隔离开关、风冷及油循环装置等一、二次回路调试及空投试验。

定　额　编　号				B-1-1-20	B-1-1-21	B-1-1-22	B-1-1-23
项　　目				变压器系统调试			
				560kV·A 以内	4000kV·A 以内	8000kV·A 以内	20000kV·A 以内
名　　称			单位	系统	系统	系统	系统
人工	00050101	综合人工 安装	工日	6.3460	16.7250	19.6000	23.5190
材料	28030906	铜芯橡皮绝缘电线 BX-500V 2.5mm^2	m	1.3390	2.1396	3.5150	4.0180
	27170517	自粘性橡胶绝缘胶带 25×20m	卷	0.6700	1.0634	1.7580	2.0090
	X0045	其他材料费	%	2.0000	2.0100	2.0000	2.0000
机械	98050160	电桥 YY2814	台班	0.5470	2.2964	3.8270	4.9210
	98050550	高压绝缘电阻测试仪 3124	台班	0.5470	1.4212	2.1870	2.7340
	98051150	数字万用表 PF-56	台班	0.8200	2.0778	2.7340	3.2810
	98110420	继电器保护测试仪 JBC	台班	0.5470	2.0778	2.7340	3.2810
	98110480	交/直流低电阻测试仪	台班	0.8200	2.2964	3.2810	3.8270
	98130130	数字频率计	台班	0.8200	1.6400	1.6400	2.1870
	98130710	数字毫秒计 DM3-802H	台班	0.8200	2.4058	2.7340	3.2810
	98230905	数字示波器	台班	0.7660	1.9422	2.5550	3.0660
	98410130	全自动变比组别测试仪	台班	0.8200	1.9682	2.7340	3.2810
	98410140	相位表	台班	0.7660	1.9422	2.5550	3.0660
	98410150	变压器特性综合测试台	台班	0.5470	1.4212	2.1870	2.7340

工作内容：变压器、断路器、互感器、隔离开关、风冷及油循环装置等一、二次回路调试及空投试验。

定　额　编　号				B-1-1-24
项　　目				变压器系统调试
				40000kV·A 以内
名　　称			单位	系统
人工	00050101	综合人工 安装	工日	32.1060
材料	28030906	铜芯橡皮绝缘电线 BX-500V 2.5mm^2	m	5.3570
	27170517	自粘性橡胶绝缘胶带 25×20m	卷	2.6780
	X0045	其他材料费	%	2.0000
机械	98050160	电桥 YY2814	台班	6.0140
	98050550	高压绝缘电阻测试仪 3124	台班	3.2810
	98051150	数字万用表 PF-56	台班	3.8270
	98110420	继电器保护测试仪 JBC	台班	3.8270
	98110480	交/直流低电阻测试仪	台班	4.3740
	98130130	数字频率计	台班	2.1870
	98130710	数字毫秒计 DM3-802H	台班	3.8270
	98230905	数字示波器	台班	3.5770
	98410130	全自动变比组别测试仪	台班	3.8270
	98410140	相位表	台班	3.5770
	98410150	变压器特性综合测试台	台班	3.2810

六、柴油发电机组安装

工作内容:本体设备安装、基础灌浆、单机调试。

定额编号				B-1-1-25	B-1-1-26	B-1-1-27	B-1-1-28
项目				柴油发电机组			
				容量(kW 以内)			
				200	300	500	1200
		名称	单位	台	台	台	台
人工	00050101	综合人工 安装	工日	24.4450	30.1900	43.3590	97.3801
材料	02010108	橡胶板 δ4～10	kg				0.1000
	02090402	塑料布	kg	1.6800	2.7900	2.7900	4.4100
	02290601	麻丝	kg				0.1000
	03130115	电焊条 J422 ϕ4.0	kg	0.2420	0.3260	0.4100	1.0400
	03150151	圆钉 ϕ≤5	kg	0.0400	0.0540	0.0800	0.1350
	03152508	镀锌铁丝 8#～12#	kg	3.0000	3.0000	4.0000	4.0000
	05030236	木板板材	m^3	0.0394	0.0444	0.0704	0.1358
	05031701	道木	m^3	0.0400	0.0400	0.0620	0.0870
	13010112	调白漆	kg	0.0800	0.1000	0.1000	0.1000
	13050201	铅油	kg	0.0500	0.0500	0.0500	0.0500
	14030101	汽油	kg				0.2040
	14030401	柴油	kg	43.6200	45.6000	65.4000	98.5000
	14030501	煤油	kg	3.4500	3.7000	4.2200	6.4000
	14070101	机油	kg	0.6060	0.6460	0.7070	22.0180
	14090401	钙基润滑脂	kg	0.2020	0.2020	0.3030	0.3030
	14314211	重铬酸钾 98%	kg				5.2500
	15132301	聚酯乙烯泡沫塑料	kg	0.1430	0.1540	0.1760	0.2200
	27170517	自粘性橡胶绝缘胶带 25×20m	卷	0.6540	0.6540	0.6540	0.8170
	28030906	铜芯橡皮绝缘电线 BX-500V 2.5mm²	m	1.3070	1.3070	1.3070	1.6340
	33331701	平垫铁	kg	5.6400	7.5300	21.3400	32.3400
	33331821	斜垫铁 Q195～Q235 1#	kg	6.1200	9.1700	19.7600	28.2200
	80210519	预拌混凝土(非泵送型) C30 粒径 5～16	m^3	0.3305	0.3305	0.5508	0.8813
	X0045	其他材料费	%	4.9900	4.9900	4.9900	5.0000
机械	98030045	三相精密测试电源	台班	0.2270	0.2270	0.2270	0.3780
	98051150	数字万用表 PF-56	台班	0.2270	0.2270	0.2270	0.3780
	98110420	继电器保护测试仪 JBC	台班	0.2270	0.2270	0.2270	0.3780
	98130710	数字毫秒计 DM3-802H	台班	0.2270	0.2270	0.2270	0.3780
	98230160	示波器 HP-54603B	台班	0.2270	0.2270	0.2270	0.3780
	99070560	载重汽车 10t	台班		0.3000	0.5000	0.5000
	99090360	汽车式起重机 8t	台班	0.3000	0.4000		
	99090400	汽车式起重机 16t	台班			0.8000	1.0000
	99090420	汽车式起重机 25t	台班				0.5000
	99090640	叉式起重机 5t	台班	0.3000	0.4000		
	99250010	交流弧焊机 21kV·A	台班	0.1000	0.1000	0.5000	0.5000

第二节　定 额 含 量

一、油浸式变压器安装

工作内容：本体设备安装、基础槽钢制作安装。

定额编号			B-1-1-1	B-1-1-2	B-1-1-3	B-1-1-4
项目			35kV 油浸式变压器安装			10kV 油浸式变压器安装
			S≤2000kV·A	S≤8000kV·A	S≤31500kV·A	S≤500kV·A
			台	台	台	台
预算定额编号	预算定额名称	预算定额单位	数量			
03-4-1-1	油浸式变压器安装 10kV 250kV·A 以下	台				0.4000
03-4-1-2	油浸式变压器安装 10kV 500kV·A 以下	台				0.6000
03-4-1-6	油浸式变压器安装 35kV 1000kV·A 以下	台	0.4000			
03-4-1-7	油浸式变压器安装 35kV 2000kV·A 以下	台	0.6000			
03-4-1-8	油浸式变压器安装 35kV 4000kV·A 以下	台		0.4000		
03-4-1-9	油浸式变压器安装 35kV 8000kV·A 以下	台		0.6000		
03-4-1-10	油浸式变压器安装 35kV 16000kV·A 以下	台			0.4000	
03-4-1-11	油浸式变压器安装 35kV 31500kV·A 以下	台			0.6000	
03-4-13-1	基础槽钢制作	10m	0.4300	0.4300	0.4300	0.4300
03-4-13-3	基础槽钢安装	10m	0.4300	0.4300	0.4300	0.4300

工作内容：本体设备安装、基础槽钢制作安装。

定额编号			B-1-1-5	B-1-1-6
项目			10kV 油浸式变压器安装	
			S≤2000kV·A	S≤4000kV·A
			台	台
预算定额编号	预算定额名称	预算定额单位	数量	
03-4-1-3	油浸式变压器安装 10kV 1000kV·A 以下	台	0.4000	
03-4-1-4	油浸式变压器安装 10kV 2000kV·A 以下	台	0.6000	
03-4-1-5	油浸式变压器安装 10kV 4000kV·A 以下	台		1.0000
03-4-13-1	基础槽钢制作	10m	0.4300	0.4300
03-4-13-3	基础槽钢安装	10m	0.4300	0.4300

二、干式变压器安装

工作内容：本体设备安装、基础槽钢制作安装。

定　额　编　号			B-1-1-7	B-1-1-8	B-1-1-9	B-1-1-10
项　　目			35kV 干式变压器安装			10kV 干式变压器安装
			S≤2000kV·A	S≤8000kV·A	S≤31500kV·A	S≤500kV·A
			台	台	台	台
预算定额编号	预算定额名称	预算定额单位	数　　量			
03-4-1-12	干式变压器安装 10kV 100kV·A 以下	台				0.3000
03-4-1-13	干式变压器安装 10kV 250kV·A 以下	台				0.3000
03-4-1-14	干式变压器安装 10kV 500kV·A 以下	台				0.4000
03-4-1-20	干式变压器安装 35kV 1000kV·A 以下	台	0.4000			
03-4-1-21	干式变压器安装 35kV 2000kV·A 以下	台	0.6000			
03-4-1-22	干式变压器安装 35kV 4000kV·A 以下	台		0.4000		
03-4-1-23	干式变压器安装 35kV 8000kV·A 以下	台		0.6000		
03-4-1-24	干式变压器安装 35kV 16000kV·A 以下	台			0.4000	
03-4-1-25	干式变压器安装 35kV 31500kV·A 以下	台			0.6000	
03-4-13-1	基础槽钢制作	10m	0.4300	0.4300	0.4300	0.4300
03-4-13-3	基础槽钢安装	10m	0.4300	0.4300	0.4300	0.4300

工作内容：本体设备安装、基础槽钢制作安装。

定额编号			B-1-1-11	B-1-1-12	B-1-1-13
项目			10kV 干式变压器安装		
			S≤1000kV·A	S≤2000kV·A	S≤4000kV·A
			台	台	台
预算定额编号	预算定额名称	预算定额单位	数量		
03-4-1-15	干式变压器安装 10kV 800kV·A 以下	台	0.4000		
03-4-1-16	干式变压器安装 10kV 1000kV·A 以下	台	0.6000		
03-4-1-17	干式变压器安装 10kV 2000kV·A 以下	台		1.0000	
03-4-1-18	干式变压器安装 10kV 2500kV·A 以下	台			0.4000
03-4-1-19	干式变压器安装 10kV 4000kV·A 以下	台			0.6000
03-4-13-1	基础槽钢制作	10m	0.4300	0.4300	0.4300
03-4-13-3	基础槽钢安装	10m	0.4300	0.4300	0.4300

三、组合型成套箱式变电站安装

工作内容：本体安装及调试。

定额编号			B-1-1-14	B-1-1-15
项目			组合型成套箱式变电站安装	
			S≤630kV·A	S≤1600kV·A
			座	座
预算定额编号	预算定额名称	预算定额单位	数量	
03-4-2-77	组合型成套箱式变电站安装 10kV 100kV·A 以下	座	0.2000	
03-4-2-78	组合型成套箱式变电站安装 10kV 315kV·A 以下	座	0.2000	
03-4-2-79	组合型成套箱式变电站安装 10kV 630kV·A 以下	座	0.6000	
03-4-2-80	组合型成套箱式变电站安装 10kV 1000kV·A 以下	座		0.4000
03-4-2-81	组合型成套箱式变电站安装 10kV 1600kV·A 以下	座		0.6000
03-4-14-8	组合型成套箱式变电站 变压器容量 1000kV·A 以下	座	1.0000	
03-4-14-9	组合型成套箱式变电站 变压器容量 2000kV·A 以下	座		1.0000

四、变配电站房附属装置

工作内容： 照明配管、配线、灯具、插座、接地。

定额编号			B-1-1-16	B-1-1-17	B-1-1-18	B-1-1-19
项目			变配电站房附属装置			
			$S \leqslant 1000$kV·A	1000kV·A$< S \leqslant$2000kV·A	2000kV·A$< S \leqslant$4000kV·A	$S >$4000kV·A
			100kV·A	100kV·A	100kV·A	100kV·A
预算定额编号	预算定额名称	预算定额单位	数量			
03-4-11-47	焊接钢管敷设 明配 钢管 公称直径 25mm 以内	100m	0.3660			
03-4-11-48	焊接钢管敷设 明配 钢管 公称直径 32mm 以内	100m		0.1380	0.1520	0.1520
03-4-11-49	焊接钢管敷设 明配 钢管 公称直径 40mm 以内	100m	0.0026	0.0015	0.0080	0.0080
03-4-11-281	管内穿线 照明线路 导线截面 $2.5mm^2$ 以内	100m 单线	0.2527	0.2061	0.0260	0.0260
03-4-11-398	暗装 灯头盒、接线盒安装	10 个	0.6860	0.6860	0.4520	0.4520
03-4-11-399	暗装 开关盒、插座盒安装	10 个	0.5720	0.5720	0.1080	0.1080
03-4-12-355	开关及按钮 暗开关 单联	10 套	0.3460	0.3460	0.0800	0.0800
03-4-12-374	暗装三相安全插座 16A 以下	10 套	0.2260	0.2260	0.0280	0.0280
03-4-12-50	荧光灯具安装 吊链式 双管	10 套	0.6860	0.6860	0.1520	0.1520
03-4-13-5	一般铁构件 制作每件重 1kg 以内	100kg	0.0056	0.0056	0.0038	0.0036
03-4-13-9	一般铁构件安装每件重 1kg 以内	100kg	0.0056	0.0056	0.0038	0.0036
03-4-8-91	控制电缆 芯数 37 芯以下	100m	0.0033	0.0004	0.0004	0.0004
03-4-9-12	接地母线敷设 沿砖混凝土敷设	10m	0.7130	0.5650	0.2100	0.2100
03-4-9-4	角铁接地极制作安装 坚土	根	0.4700	0.2000	0.1000	0.1000

五、变压器系统调试

工作内容：变压器、断路器、互感器、隔离开关、风冷及油循环装置等一、二次回路调试及空投试验。

定额编号			B-1-1-20	B-1-1-21	B-1-1-22	B-1-1-23
项目			变压器系统调试			
			560kV·A 以内	4000kV·A 以内	8000kV·A 以内	20000kV·A 以内
			系统	系统	系统	系统
预算定额编号	预算定额名称	预算定额单位	数量			
03-4-14-1	三相电力变压器系统调试 560kV·A 以下	系统	1.0000			
03-4-14-2	三相电力变压器系统调试 2000kV·A 以下	系统		0.4000		
03-4-14-3	三相电力变压器系统调试 4000kV·A 以下	系统		0.6000		
03-4-14-4	三相电力变压器系统调试 8000kV·A 以下	系统			1.0000	
03-4-14-5	三相电力变压器系统调试 20000kV·A 以下	系统				1.0000

工作内容：变压器、断路器、互感器、隔离开关、风冷及油循环装置等一、二次回路调试及空投试验。

定额编号			B-1-1-24
项目			变压器系统调试
			40000kV·A 以内
			系统
预算定额编号	预算定额名称	预算定额单位	数量
03-4-14-6	三相电力变压器系统调试 40000kV·A 以下	系统	1.0000

六、柴油发电机组安装

工作内容：本体设备安装、基础灌浆、单机调试。

定额编号			B-1-1-25	B-1-1-26	B-1-1-27	B-1-1-28
项目			柴油发电机组			
			容量(kW 以内)			
			200	300	500	1200
			台	台	台	台
预算定额编号	预算定额名称	预算定额单位	数量			
03-1-13-22	柴油发电机组 设备重量 2.5t 以内	台	1.0000			
03-1-13-23	柴油发电机组 设备重量 3.5t 以内	台		1.0000		
03-1-13-25	柴油发电机组 设备重量 5.5t 以内	台			1.0000	
03-1-13-26	柴油发电机组 设备重量 13t 以内	台				1.0000
03-4-14-18	柴油发电机调试 容量 600kW 以下	台	1.0000	1.0000	1.0000	
03-4-14-19	柴油发电机调试 容量 600kW 以上	台				1.0000
03-1-13-74	设备底座与基础间灌浆 一台设备的灌浆体积 0.10m^3 以内	m^3	0.3240	0.3240	0.5400	0.8640

第二章　配电装置安装

说　　明

一、本章包括成套高压配电柜安装和开闭所成套配电装置安装。

二、高压配电柜安装包括了基础槽钢制作安装和支架刷油。

三、开闭所成套配电装置安装包括了联锁装置检查、导体接触面检查、接地、单体调试等。

工程量计算规则

一、配电柜安装区分柜和母线特性，按设计图示数量计算，以“台”为计量单位。

二、开闭所成套配电装置安装区分开关间隔单元，1 台断路器计算 1 个间隔，按设计图示数量计算，以“座”为计量单位。

第一节　定额消耗量

一、成套高压配电柜安装

工作内容：柜体安装、基础型钢制作安装及刷油、接地。

定额编号				B-1-2-1	B-1-2-2	B-1-2-3	B-1-2-4
项目				单母线			
				油断路器柜	互感器柜	其他电气柜	母线桥(组)
名称			单位	台	台	台	台
人工	00050101	综合人工 安装	工日	11.5800	7.1220	4.7240	3.6520
材料	01130336	热轧镀锌扁钢 50～75	kg	1.1376	1.1376	1.1376	1.1376
	01190203-2	热轧槽钢 10#	m	5.0400	5.0400	5.0400	5.0400
	01290248	热轧钢板(薄板) δ2.5	kg	0.4800	0.4800	0.4800	0.4800
	01291901	钢板垫板	kg	0.5000	0.5000	0.5000	0.5000
	03130114	电焊条 J422 φ3.2	kg	1.1388	1.1388	1.1388	1.1388
	03131901	焊锡	kg	0.2500	0.1500	0.1500	0.2500
	03131941	焊锡膏 50g/瓶	kg	0.0500	0.0300	0.0300	0.0500
	13010101	调和漆	kg	0.8200	0.8200	0.8200	0.8200
	13011011	清油 C01-1	kg	0.2400	0.2400	0.2400	0.2400
	13050511	醇酸防锈漆 C53-1	kg	0.9496	0.9496	0.9496	0.9496
	14030101	汽油	kg	0.2000	0.2000	0.2000	0.2000
	14050111	溶剂油 200#	kg	0.1680	0.1680	0.1680	0.1680
	14050201	松香水	kg	0.1920	0.1920	0.1920	0.1920
	14090611	电力复合酯 一级	kg	0.1000	0.0300	0.0300	0.1000
	14390101	氧气	m^3	0.7200	0.7200	0.7200	0.7200
	14390302	乙炔气	kg	0.1440	0.1440	0.1440	0.1440
	28010114	裸铜线 16mm^2	m	0.5000	0.5000	0.5000	0.5000
	X0045	其他材料费	%	1.0300	1.1100	0.9600	1.2700
机械	99070530	载重汽车 5t	台班	0.0900	0.0600	0.0600	0.0400
	99090360	汽车式起重机 8t	台班	0.0750	0.0750	0.0750	0.1000
	99250010	交流弧焊机 21kV·A	台班	0.5196	0.5196	0.5196	0.5196

工作内容:柜体安装、基础型钢制作安装及刷油、接地。

定额编号				B-1-2-5	B-1-2-6	B-1-2-7	B-1-2-8
项目				单母线	双母线		
				变压器柜	油断路器柜	互感器柜	其他电器柜
名称			单位	台	台	台	台
人工	00050101	综合人工 安装	工日	4.7240	14.6840	8.4370	5.5680
材料	01130336	热轧镀锌扁钢 50～75	kg	1.1376	1.1376	1.1376	1.1376
	01190203-2	热轧槽钢 10#	m	5.0400	5.0400	5.0400	5.0400
	01290248	热轧钢板(薄板) δ2.5	kg	0.4800	0.4800	0.4800	0.4800
	01291901	钢板垫板	kg	0.5000	0.5000	0.5000	0.5000
	03130114	电焊条 J422 ϕ3.2	kg	1.1088	1.1388	1.1388	1.1388
	03131901	焊锡	kg		0.3000	0.2000	0.2000
	03131941	焊锡膏 50g/瓶	kg		0.0600	0.0400	0.0400
	13010101	调和漆	kg	0.8200	0.8200	0.8200	0.8200
	13011011	清油 C01-1	kg	0.2400	0.2400	0.2400	0.2400
	13050511	醇酸防锈漆 C53-1	kg	0.9496	0.9496	0.9496	0.9496
	14030101	汽油	kg	0.1000	0.2000	0.2000	0.2000
	14050111	溶剂油 200#	kg	0.1680	0.1680	0.1680	0.1680
	14050201	松香水	kg	0.1920	0.1920	0.1920	0.1920
	14090611	电力复合酯 一级	kg	0.0300	0.0600	0.0500	0.0500
	14390101	氧气	m^3	0.7200	0.7200	0.7200	0.7200
	14390302	乙炔气	kg	0.1440	0.1440	0.1440	0.1440
	28010114	裸铜线 $16mm^2$	m	0.5000	1.0000	1.0000	1.0000
	X0045	其他材料费	%	1.2400	0.9900	1.0400	1.0400
机械	99070530	载重汽车 5t	台班	0.0600	0.1000	0.1000	0.1000
	99090360	汽车式起重机 8t	台班	0.1000	0.0900	0.0900	0.0900
	99250010	交流弧焊机 21kV·A	台班	0.4896	0.5196	0.5196	0.5196

工作内容：柜体安装、基础型钢制作安装及刷油、接地。

定额编号				B-1-2-9	B-1-2-10
项目				双母线 变压器柜	电容器柜、屏
名称			单位	台	台
人工	00050101	综合人工 安装	工日	5.5680	4.7780
材料	01130334	热轧镀锌扁钢 25～45	kg		0.4800
	01130336	热轧镀锌扁钢 50～75	kg	1.1376	1.1376
	01190203-2	热轧槽钢 10#	m	5.0400	5.0400
	01290248	热轧钢板(薄板) δ2.5	kg	0.4800	0.4800
	01291901	钢板垫板	kg	0.5000	3.0900
	02130209	聚氯乙烯带(PVC)宽度 20×40m	卷		0.1500
	03130114	电焊条 J422 ϕ3.2	kg	1.1388	1.0718
	03131901	焊锡	kg	0.1000	0.0900
	03131941	焊锡膏 50g/瓶	kg	0.0200	0.0180
	13010101	调和漆	kg	0.8200	0.8250
	13011011	清油 C01-1	kg	0.2400	0.2400
	13050511	醇酸防锈漆 C53-1	kg	0.9496	0.9546
	14030101	汽油	kg	0.1000	0.1550
	14050111	溶剂油 200#	kg	0.1680	0.1680
	14050201	松香水	kg	0.1920	0.1920
	14090611	电力复合酯 一级	kg	0.0500	0.0480
	14390101	氧气	m^3	0.7200	0.7200
	14390302	乙炔气	kg	0.1440	0.1440
	27170513	自粘性橡胶绝缘胶带 20×5m	卷		0.2050
	28010114	裸铜线 $16mm^2$	m	1.0000	0.3500
	X0045	其他材料费	%	1.1100	0.8200
机械	99070530	载重汽车 5t	台班	0.1000	0.1160
	99090360	汽车式起重机 8t	台班	0.1600	0.1168
	99250010	交流弧焊机 21kV·A	台班	0.5196	0.5046

二、开闭所成套配电装置安装

工作内容：安装，单体调试、接地。

定额编号				B-1-2-11	B-1-2-12	B-1-2-13	B-1-2-14
项目				开关间隔单元			
				3个	5个	7个	大于7个
名称			单位	座	座	座	座
人工	00050101	综合人工 安装	工日	2.1830	2.7290	3.0700	3.4120
材料	01130302	热轧镀锌扁钢	kg	57.6000	57.6000	57.6000	57.6000
	03130111	电焊条 J422	kg	0.3600	0.4500	0.4500	0.4500
	03131831	松香焊锡丝	kg	0.6400	0.4000	0.4000	0.4000
	03131945	焊锡膏	kg	0.0640	0.0800	0.0800	0.0800
	13010101	调和漆	kg	0.4800	0.6000	0.6000	0.6000
	13050401	防锈漆	kg	0.4800	0.6000	0.6000	0.6000
	14030114	汽油 100#	kg	0.3200	0.8000	0.8000	0.8000
	14090601	电力复合酯	kg	0.1600	0.2000	0.2000	0.2000
	33331701	平垫铁	kg	11.6000	14.5000	14.5000	14.5000
	34090101	棉纱头	kg	0.6400	0.8000	0.8000	0.8000
	X0045	其他材料费	%	0.1700	1.0000	1.0000	1.0000
机械	99070530	载重汽车 5t	台班	0.3740	0.4670	0.4670	0.5140
	99090360	汽车式起重机 8t	台班	0.3740	0.3740	0.4670	0.5140
	99250010	交流弧焊机 21kV·A	台班	0.1870	0.1870	0.1870	0.2270

第二节　定额含量

一、成套高压配电柜安装

工作内容：柜体安装、基础型钢制作安装及刷油、接地。

定额编号			B-1-2-1	B-1-2-2	B-1-2-3	B-1-2-4
项目			单母线			
			油断路器柜	互感器柜	其他电气柜	母线桥(组)
			台	台	台	台
预算定额编号	预算定额名称	预算定额单位	数量			
03-4-2-65	单母线柜安装 油断路器柜	台	1.0000			
03-4-2-66	单母线柜安装 互感器柜	台		1.0000		
03-4-2-67	单母线柜安装 其他电气柜	台			1.0000	
03-4-2-68	单母线柜安装 母线桥(组)	台				1.0000
03-4-13-1	基础槽钢制作	10m	0.4800	0.4800	0.4800	0.4800
03-4-13-3	基础槽钢安装	10m	0.4800	0.4800	0.4800	0.4800

工作内容：柜体安装、基础型钢制作安装及刷油、接地。

定额编号			B-1-2-5	B-1-2-6	B-1-2-7	B-1-2-8
项目			单母线	双母线		
			变压器柜	油断路器柜	互感器柜	其他电器柜
			台	台	台	台
预算定额编号	预算定额名称	预算定额单位	数量			
03-4-2-69	单母线柜安装 变压器柜	台	1.0000			
03-4-2-70	双母线柜安装 油断路器柜	台		1.0000		
03-4-2-71	双母线柜安装 电压互感器柜	台			1.0000	
03-4-2-72	双母线柜安装 其他电气柜	台				1.0000
03-4-13-1	基础槽钢制作	10m	0.4800	0.4800	0.4800	0.4800
03-4-13-3	基础槽钢安装	10m	0.4800	0.4800	0.4800	0.4800

工作内容：柜体安装、基础型钢制作安装及刷油、接地。

定额编号			B-1-2-9	B-1-2-10
项目			双母线	电容器柜、屏
			变压器柜	
			台	台
预算定额编号	预算定额名称	预算定额单位	数量	
03-4-2-73	双母线柜安装 变压器柜	台	1.0000	
03-4-2-74	电容器屏、柜 1kV	个		0.3000
03-4-2-75	电容器屏、柜 10kV	个		0.3000
03-4-2-76	电容器屏、柜 35kV	个		0.4000
03-4-13-1	基础槽钢制作	10m	0.4800	0.4800
03-4-13-3	基础槽钢安装	10m	0.4800	0.4800

二、开闭所成套配电装置安装

工作内容：安装，单体调试、接地。

定额编号			B-1-2-11	B-1-2-12	B-1-2-13	B-1-2-14
项目			开关间隔单元			
			3个	5个	7个	大于7个
			座	座	座	座
预算定额编号	预算定额名称	预算定额单位	数量			
03B-4-2-82	开关间隔单元 3个	座	1.0000			
03B-4-2-83	开关间隔单元 5个	座		1.0000		
03B-4-2-84	开关间隔单元 7个	座			1.0000	
03B-4-2-85	开关间隔单元 大于7个	座				1.0000

第三章　母 线 安 装

说　明

一、本章包括低压封闭式插接母线槽、始端箱和开关箱安装。

二、低压封闭式插接母线槽安装综合了支架制作安装及刷油。如支架是随母线成套供应，应扣除定额内相应的支架制作费用。

工程量计算规则

一、低压封闭式插接母线槽安装区分额定电流容量，按设计图示数量计算，以"米"为计量单位。

二、低压封闭式插接母线槽始端箱、开关箱安装区分额定电流容量，按设计图示数量计算，以"台"为计量单位。

第一节　定额消耗量

一、低压封闭式插接母线槽

工作内容：安装、支架制作安装及刷油，绝缘测试、接地。

定额编号				B-1-3-1	B-1-3-2	B-1-3-3	B-1-3-4
项目				低压封闭式插接母线槽			
				1000A 以内	2000A 以内	4000A 以内	4000A 以上
名称			单位	m	m	m	m
人工	00050101	综合人工 安装	工日	0.6203	0.8437	1.0494	1.2018
材料	Z29050201	插接式母线槽	节	(0.5000)	(0.5000)	(0.5000)	(0.5000)
	01150103	热轧型钢 综合	kg	4.7250	5.2500	5.7750	7.3500
	03014292	镀锌六角螺栓连母垫 M10×70	10 套	0.2835	0.3150	0.3465	0.4410
	03110215	尼龙砂轮片 ϕ400	片	0.0203	0.0225	0.0248	0.0245
	03130114	电焊条 J422 ϕ3.2	kg	0.1035	0.1150	0.1265	0.1470
	13010101	调和漆	kg	0.0720	0.0800	0.0880	0.1085
	13011011	清油 C01-1	kg	0.0270	0.0300	0.0330	0.0420
	13050511	醇酸防锈漆 C53-1	kg	0.0909	0.1010	0.1111	0.1344
	14050111	溶剂油 200#	kg	0.0243	0.0270	0.0297	0.0343
	14050201	松香水	kg	0.0225	0.0250	0.0275	0.0350
	14090611	电力复合酯 一级	kg	0.0130	0.0150	0.0200	0.0240
	28010114	裸铜线 16mm²	m	0.0450			
	28010115	裸铜线 25mm²	m	0.1800			
	28010116	裸铜线 35mm²	m		0.2250	0.2250	0.2250
	29090215	铜接线端子 DT-16	个	0.2020			
	29090216	铜接线端子 DT-25	个	0.8080			
	29090217	铜接线端子 DT-35	个		1.0100	1.0100	1.0100
	X0045	其他材料费	%	0.9100	1.1100	1.2200	1.1200
机械	99091460	电动卷扬机 单筒慢速 30kN	台班	0.0340	0.0500	0.0650	0.0845
	99230170	砂轮切割机 ϕ400	台班	0.0090	0.0100	0.0110	0.0105
	99250010	交流弧焊机 21kV·A	台班	0.0563	0.0625	0.0688	0.0770

二、低压封闭式插接母线槽始端箱安装

工作内容：本体及附件安装，绝缘测试、接地。

定额编号				B-1-3-5	B-1-3-6	B-1-3-7	B-1-3-8
项目				低压封闭式插接母线槽始端箱			
				200A 以内	600A 以内	2000A 以内	4000A 以内
名称			单位	台	台	台	台
人工	00050101	综合人工 安装	工日	0.5838	1.1595	1.4164	1.8578
材料	Z29112031	电缆进线箱	台	(1.0000)	(1.0000)	(1.0000)	(1.0000)
	14090611	电力复合酯 一级	kg	0.0100	0.0100	0.0150	0.0170
	28030220	铜芯聚氯乙烯绝缘线 BV-16mm²	m	0.2000			
	28030222	铜芯聚氯乙烯绝缘线 BV-35mm²	m		0.3420	0.4440	0.5000
	29090215	铜接线端子 DT-16	个	2.0400			
	29090217	铜接线端子 DT-35	个		2.0400	2.0400	2.0400
	X0045	其他材料费	%	10.0100	10.0000	10.0000	10.0000

工作内容：本体及附件安装，绝缘测试、接地。

定额编号				B-1-3-9
项目				低压封闭式插接母线槽始端箱
				4000A 以上
名称			单位	台
人工	00050101	综合人工 安装	工日	3.0480
材料	Z29112031	电缆进线箱	台	(1.0000)
	28030222	铜芯聚氯乙烯绝缘线 BV-35mm²	m	0.5000
	29090217	铜接线端子 DT-35	个	2.0400
	14090611	电力复合酯 一级	kg	0.0200
	X0045	其他材料费	%	10.0000

三、低压封闭式插接母线槽开关箱安装

工作内容:本体及附件安装,绝缘测试、接地。

定额编号				B-1-3-10	B-1-3-11	B-1-3-12
项目				低压封闭式插接母线槽开关箱		
				630A 以内	1000A 以内	1000A 以上
名称			单位	台	台	台
人工	00050101	综合人工 安装	工日	0.5238	1.0030	1.4490
材料	Z29112201	进出线盒	个	(1.0000)	(1.0000)	(1.0000)
	14090611	电力复合酯 一级	kg	0.0100	0.0100	0.0100
	28030220	铜芯聚氯乙烯绝缘线 BV-16mm²	m	0.0600		
	28030221	铜芯聚氯乙烯绝缘线 BV-25mm²	m	0.2400		
	28030222	铜芯聚氯乙烯绝缘线 BV-35mm²	m		0.3600	0.3600
	29090215	铜接线端子 DT-16	个	0.4080		
	29090216	铜接线端子 DT-25	个	1.6320		
	29090217	铜接线端子 DT-35	个		2.0400	2.0400
	X0045	其他材料费	%	10.0000	10.0000	10.0000

第二节　定 额 含 量

一、低压封闭式插接母线槽

工作内容:安装、支架制作安装及刷油,绝缘测试、接地。

定额编号			B-1-3-1	B-1-3-2	B-1-3-3	B-1-3-4
项目			低压封闭式插接母线槽			
			1000A 以内	2000A 以内	4000A 以内	4000A 以上
			m	m	m	m
预算定额编号	预算定额名称	预算定额单位	数量			
03-4-3-25	插接式母线槽安装 额定电流 200A 以内	节	0.1000			
03-4-3-26	插接式母线槽安装 额定电流 630A 以内	节	0.1000			
03-4-3-27	插接式母线槽安装 额定电流 1000A 以内	节	0.3000			
03-4-3-28	插接式母线槽安装 额定电流 2000A 以内	节		0.5000		
03-4-3-29	插接式母线槽安装 额定电流 4000A 以内	节			0.5000	
03-4-3-30	插接式母线槽安装 额定电流 4000A 以上	节				0.5000
03-4-13-10	一般铁构件 安装每件重 5kg 以内	100kg	0.0450	0.0500	0.0550	
03-4-13-11	一般铁构件 安装每件重 20kg 以内	100kg				0.0700
03-4-13-6	一般铁构件 制作每件重 5kg 以内	100kg	0.0450	0.0500	0.0550	
03-4-13-7	一般铁构件 制作每件重 20kg 以内	100kg				0.0700

二、低压封闭式插接母线槽始端箱安装

工作内容:本体及附件安装,绝缘测试、接地。

定额编号			B-1-3-5	B-1-3-6	B-1-3-7	B-1-3-8
项目			低压封闭式插接母线槽始端箱			
			200A 以内	600A 以内	2000A 以内	4000A 以内
			台	台	台	台
预算定额编号	预算定额名称	预算定额单位	数量			
03-4-3-37	插接式母线电缆进线箱安装 额定电流 100A 以内	台	0.4000			
03-4-3-38	插接式母线电缆进线箱安装 额定电流 200A 以内	台	0.6000			
03-4-3-39	插接式母线电缆进线箱安装 额定电流 630A 以内	台		0.3000		
03-4-3-40	插接式母线电缆进线箱安装 额定电流 800A 以内	台		0.3000		
03-4-3-41	插接式母线电缆进线箱安装 额定电流 1000A 以内	台		0.4000		
03-4-3-42	插接式母线电缆进线箱安装 额定电流 1250A 以内	台			0.4000	
03-4-3-43	插接式母线电缆进线箱安装 额定电流 2000A 以内	台			0.6000	
03-4-3-44	插接式母线电缆进线箱安装 额定电流 2500A 以内	台				0.3000
03-4-3-45	插接式母线电缆进线箱安装 额定电流 3200A 以内	台				0.3000
03-4-3-46	插接式母线电缆进线箱安装 额定电流 4000A 以内	台				0.4000

工作内容:本体及附件安装,绝缘测试、接地。

定额编号			B-1-3-9
项目			低压封闭式插接母线槽始端箱
			4000A 以上
			台
预算定额编号	预算定额名称	预算定额单位	数量
03-4-3-47	插接式母线电缆进线箱安装 额定电流 4000A 以上	台	1.0000

三、低压封闭式插接母线槽开关箱安装

工作内容：本体及附件安装，绝缘测试、接地。

定额编号			B-1-3-10	B-1-3-11	B-1-3-12
项目			低压封闭式插接母线槽开关箱		
			630A 以内	1000A 以内	1000A 以上
			台	台	台
预算定额编号	预算定额名称	预算定额单位	数量		
03-4-3-31	插接式开关箱安装 额定电流100A 以内	台	0.2000		
03-4-3-32	插接式开关箱安装 额定电流320A 以内	台	0.2000		
03-4-3-33	插接式开关箱安装 额定电流630A 以内	台	0.6000		
03-4-3-34	插接式开关箱安装 额定电流800A 以内	台		0.4000	
03-4-3-35	插接式开关箱安装 额定电流1000A 以内	台		0.6000	
03-4-3-36	插接式开关箱安装 额定电流1000A 以上	台			1.0000

第四章　控制设备及低压电器安装

说　　明

一、本章包括控制屏(柜)、继电信号屏、模拟屏、低压配电屏(柜)、弱电控制返回屏、控制台、直流屏、自动调节励磁屏、励磁灭磁屏、柴油发电机组控制屏、蓄电池控制屏、硅整流柜、可控硅柜、双电源配电箱、落地式动力配电箱、落地式照明配电箱、墙式配电箱、电表箱、插座箱、端子箱、集中空调开关、床头柜集控板、水位电气信号装置、按钮、电笛、讯响器、信号指示灯等安装。

二、控制屏(柜)、继电信号屏、模拟屏、低压配电屏(柜)、弱电控制返回屏、控制台、直流屏、自动调节励磁屏、励磁灭磁屏、柴油发电机组控制屏、蓄电池控制屏、硅整流柜、可控硅柜、双电源配电箱、落地式动力配电箱、落地式照明配电箱等安装均包含柜型钢基础制作安装及刷油。

三、配电柜、配电箱、电表箱、插座箱等安装包含支架制作安装及刷油。

工程量计算规则

一、配电箱、屏、柜等按设计图示数量计算,以“台”为计量单位。

二、集中空调开关、小电器等按设计图示数量计算,以“套”为计量单位。

三、盘、箱、柜的外部进出线预留长度按表 4-1 计算。

表 4-1　盘、箱、柜的外部进出线预留长度　　单位:m/根

序号	项　　目	预留长度	说　明
1	各种箱、柜、盘、板	高+宽	盘面尺寸
2	单独安装的铁壳开关、自动开关、刀开关、启动器、箱式电阻器、变阻器	0.3	从安装对象中心算起
3	继电器、控制开关、信号灯、按钮、熔断器等小电器	0.3	从安装对象中心算起

第一节　定额消耗量

一、控制、继电、模拟屏安装

工作内容：1,2. 安装、基础槽钢制作安装及支架刷油。
3,4. 安装、支架制作安装及支架刷油。

定额编号				B-1-4-1	B-1-4-2	B-1-4-3	B-1-4-4
项目				控制屏、柜	继电、信号屏	模拟屏	
						面宽 1m 以内	面宽 2m 以内
名称			单位	台	台	台	台
人工	00050101	综合人工 安装	工日	3.0410	3.6550	6.5745	10.6910
材料	01130334	热轧镀锌扁钢 25～45	kg	1.5000	1.5000	1.5000	2.5000
	01130336	热轧镀锌扁钢 50～75	kg	0.7110	0.7110		
	01150103	热轧型钢 综合	kg			2.6250	5.2500
	01190203-1	热轧槽钢 8#	m	3.1500	3.1500		
	01290248	热轧钢板(薄板) δ2.5	kg	0.3000	0.3000		
	01291901	钢板垫板	kg	0.2000	0.2000	0.3000	0.4000
	03014292	镀锌六角螺栓连母垫 M10×70	10套			0.1575	0.3150
	03110215	尼龙砂轮片 ϕ400	片			0.0088	0.0175
	03130114	电焊条 J422 ϕ3.2	kg	0.7680	0.7680	0.1525	0.3050
	13010101	调和漆	kg	0.5500	0.5500	0.1388	0.2375
	13010421	酚醛磁漆	kg	0.0200	0.0200		
	13011011	清油 C01-1	kg	0.1500	0.1500	0.0150	0.0300
	13050511	醇酸防锈漆 C53-1	kg	0.5310	0.5310	0.0480	0.0960
	14050111	溶剂油 200#	kg	0.1050	0.1050	0.0123	0.0245
	14050201	松香水	kg	0.1200	0.1200	0.0125	0.0250
	14390101	氧气	m^3	0.4500	0.4500		
	14390302	乙炔气	kg	0.0900	0.0900		
	17251714	异形塑料管 ϕ5	m	6.0000	6.0000	8.0000	12.0000
	27170416	电气绝缘胶带(PVC) 18×20m	卷	1.0000	1.0000	0.6000	1.2000
	27170513	自粘性橡胶绝缘胶带 20×5m	卷	0.1000	0.1000	0.0500	0.2000
	29060904	电气塑料软管 ϕ6	m	5.0000	6.2500	4.2000	6.2500
	29173401	塑料线夹	个	10.0000	15.0000	12.0000	12.0000
	X0045	其他材料费	%	2.4200	2.6200	1.8400	1.7400
机械	99070530	载重汽车 5t	台班	0.0560	0.0560	0.0600	0.1400
	99090360	汽车式起重机 8t	台班	0.0600	0.0600	0.1000	0.2000
	99230170	砂轮切割机 ϕ400	台班			0.0037	0.0075
	99250010	交流弧焊机 21kV·A	台班	0.3310	0.3310	0.1275	0.1550

工作内容:安装、基础槽钢制作安装及支架刷油。

定额编号				B-1-4-5	B-1-4-6	B-1-4-7	B-1-4-8
项目				低压配电屏	弱电控制返回屏	控制台	
						台宽 1m 以内	台宽 2m 以内
名称			单位	台	台	台	台
人工	00050101	综合人工 安装	工日	3.0350	3.1890	3.5410	6.0820
材料	01130334	热轧镀锌扁钢 25～45	kg	1.5000	1.5000	3.0000	3.0000
	01130336	热轧镀锌扁钢 50～75	kg	0.7110	0.7110	0.7110	1.4220
	01190203-1	热轧槽钢 8#	m	3.1500	3.1500	3.1500	6.3000
	01290248	热轧钢板(薄板) δ2.5	kg	0.3000	0.3000	0.3000	0.6000
	01291901	钢板垫板	kg	0.2000	0.2000	0.3000	0.3000
	03130114	电焊条 J422 ϕ3.2	kg	0.7680	0.7680	0.7180	1.3360
	13010101	调和漆	kg	0.5000	0.5000	0.5500	1.1000
	13010421	酚醛磁漆	kg	0.0100	0.0100	0.0100	0.0500
	13011011	清油 C01-1	kg	0.1500	0.1500	0.1500	0.3000
	13050511	醇酸防锈漆 C53-1	kg	0.5310	0.5310	0.5310	1.0620
	14050111	溶剂油 200#	kg	0.1050	0.1050	0.1050	0.2100
	14050201	松香水	kg	0.1200	0.1200	0.1200	0.2400
	14090611	电力复合酯 一级	kg	0.0500	0.0500		
	14390101	氧气	m^3	0.4500	0.4500	0.4500	0.9000
	14390302	乙炔气	kg	0.0900	0.0900	0.0900	0.1800
	17251714	异形塑料管 ϕ5	m	6.0000	6.0000	6.0000	12.0000
	27170416	电气绝缘胶带(PVC) 18×20m	卷	0.6000	0.6000	0.6000	1.2000
	27170513	自粘性橡胶绝缘胶带 20×5m	卷	0.1000	0.1000		
	29060904	电气塑料软管 ϕ6	m	2.1000	2.1000	2.1000	6.2500
	29173401	塑料线夹	个	6.0000	6.0000	8.0000	12.0000
	X0045	其他材料费	%	2.0300	2.0300	2.1300	1.8900
机械	99070530	载重汽车 5t	台班	0.0560	0.0560	0.0560	0.0930
	99090360	汽车式起重机 8t	台班	0.0600	0.0600	0.0560	0.0930
	99250010	交流弧焊机 21kV·A	台班	0.3310	0.3310	0.3310	0.5620

工作内容：安装、基础槽钢制作安装及支架刷油。

定额编号				B-1-4-9	B-1-4-10	B-1-4-11
项目				直流屏	自动调节励磁屏	励磁灭磁屏
名称			单位	台	台	台
人工	00050101	综合人工 安装	工日	2.5806	3.2750	3.9910
材料	01030117	钢丝 ϕ1.6～2.6	kg	0.0200	0.0200	0.0200
	01130336	热轧镀锌扁钢 50～75	kg	0.7110	0.7110	3.7110
	01190203-1	热轧槽钢 8#	m	3.1500	3.1500	3.1500
	01290248	热轧钢板(薄板) δ2.5	kg	0.3000	0.3000	0.3000
	01291901	钢板垫板	kg	0.2000	0.2000	0.3000
	03130114	电焊条 J422 ϕ3.2	kg	0.6180	0.6180	1.1180
	13010101	调和漆	kg	0.4500	0.4500	0.4500
	13010421	酚醛磁漆	kg	0.0200	0.0100	0.0100
	13011011	清油 C01-1	kg	0.1500	0.1500	0.1500
	13050511	醇酸防锈漆 C53-1	kg	0.5310	0.5310	0.5310
	14030101	汽油	kg	0.0500		
	14050111	溶剂油 200#	kg	0.1050	0.1050	0.1050
	14050201	松香水	kg	0.1200	0.1200	0.1200
	14070101	机油	kg	0.0500		0.0500
	14090611	电力复合酯 一级	kg	0.0100	0.0100	0.0100
	14390101	氧气	m^3	0.4500	0.4500	0.4500
	14390302	乙炔气	kg	0.0900	0.0900	0.0900
	17251714	异形塑料管 ϕ5	m		0.8000	0.2000
	27170416	电气绝缘胶带(PVC) 18×20m	卷	0.0500	0.0500	0.0500
	27170513	自粘性橡胶绝缘胶带 20×5m	卷	0.0800	0.1000	0.1000
	28030811	聚氯乙烯双股胶质软线 2×16/0.15mm^2	m	10.0000	5.0000	10.0000
	34130112	塑料扁形标志牌	个			1.0000
	X0045	其他材料费	%	1.0400	1.1900	0.9600
机械	99070530	载重汽车 5t	台班	0.0370	0.0370	0.0370
	99090360	汽车式起重机 8t	台班	0.0370	0.0370	0.0370
	99091460	电动卷扬机 单筒慢速 30kN	台班		0.0600	0.0600
	99250010	交流弧焊机 21kV·A	台班	0.2310	0.2310	0.3610

工作内容:安装、基础槽钢制作安装及支架刷油。

定额编号				B-1-4-12	B-1-4-13	B-1-4-14	B-1-4-15
项目				柴油发电机组控制屏	蓄电池控制屏	硅整流柜安装	
						500A 以内	3200A 以内
名称			单位	台	台	台	台
人工	00050101	综合人工 安装	工日	2.7200	4.5140	2.7426	3.8830
材料	01130336	热轧镀锌扁钢 50～75	kg	2.2110	3.7110	3.2110	3.2110
	01190203-1	热轧槽钢 8#	m	3.1500	3.1500	3.1500	3.1500
	01290248	热轧钢板(薄板) δ2.5	kg	0.3000	0.3000	0.3000	0.3000
	01291901	钢板垫板	kg	0.2000	0.3000	0.2500	0.3000
	03018174	膨胀螺栓(钢制) M12	套			4.0800	4.0800
	03130114	电焊条 J422 φ3.2	kg	0.7680	0.6980	0.6180	0.6180
	03130115	电焊条 J422 φ4.0	kg			0.1100	0.1100
	13010101	调和漆	kg	0.4500	0.0300	0.5000	0.5000
	13010421	酚醛磁漆	kg	0.0100			
	13011011	清油 C01-1	kg	0.1500		0.1500	0.1500
	13050511	醇酸防锈漆 C53-1	kg	0.5310	0.5310	0.5310	0.5310
	14050111	溶剂油 200#	kg	0.1050		0.1050	0.1050
	14050201	松香水	kg	0.1200		0.1200	0.1200
	14090611	电力复合酯 一级	kg	0.0500	0.0500	0.0500	0.0960
	14390101	氧气	m^3	0.4500	0.4500	0.4500	0.4500
	14390302	乙炔气	kg	0.0900		0.0900	0.0900
	01030117	钢丝 φ1.6～2.6	kg		0.0200		
	17251714	异形塑料管 φ5	m	6.0000	0.5000		
	27170311	黄漆布带 20×40m	卷			0.1240	0.1300
	27170416	电气绝缘胶带(PVC) 18×20m	卷	0.6000	0.0500		
	27170513	自粘性橡胶绝缘胶带 20×5m	卷			0.1500	0.1500
	28030811	聚氯乙烯双股胶质软线 2×16/0.15mm^2	m		5.0000		
	29173401	塑料线夹	个	6.0000			
	X0045	其他材料费	%	0.8700	0.4400	12.5800	12.7600
机械	99070530	载重汽车 5t	台班	0.0560	0.0370	0.0370	0.0370
	99090360	汽车式起重机 8t	台班	0.0560	0.0370	0.0930	0.0930
	99250010	交流弧焊机 21kV·A	台班	0.3310	0.1600	0.2910	0.2910

工作内容：安装、基础槽钢制作安装及支架刷油。

定额编号				B-1-4-16	B-1-4-17	B-1-4-18
项目				硅整流柜安装	可控硅柜安装	
				6000A 以内	100A 以内	2000A 以内
名称			单位	台	台	台
人工	00050101	综合人工 安装	工日	5.1450	5.0260	9.6314
材料	01130336	热轧镀锌扁钢 50～75	kg	3.2110	2.2110	2.2110
	01190203-1	热轧槽钢 8#	m	3.1500	3.1500	3.1500
	01290248	热轧钢板(薄板) δ2.5	kg	0.3000	0.3000	0.3000
	01291901	钢板垫板	kg	0.3000	0.3000	0.3000
	03018174	膨胀螺栓(钢制) M12	套	4.0800		
	03130114	电焊条 J422 ϕ3.2	kg	0.6180	0.7180	0.8080
	03130115	电焊条 J422 ϕ4.0	kg	0.1100		
	13010101	调和漆	kg	0.5000	0.5000	0.5440
	13011011	清油 C01-1	kg	0.1500	0.1500	0.1500
	13050511	醇酸防锈漆 C53-1	kg	0.5310	0.5310	0.5310
	14050111	溶剂油 200#	kg	0.1050	0.1050	0.1050
	14050201	松香水	kg	0.1200	0.1200	0.1200
	14090611	电力复合酯 一级	kg	0.1000	0.0300	0.0740
	14390101	氧气	m^3	0.4500	0.4500	0.4500
	14390302	乙炔气	kg	0.0900	0.0900	0.0900
	17251714	异形塑料管 ϕ5	m		12.0000	33.6000
	27170311	黄漆布带 20×40m	卷	0.1300	0.1500	0.3300
	27170416	电气绝缘胶带(PVC) 18×20m	卷		0.6000	1.3200
	27170513	自粘性橡胶绝缘胶带 20×5m	卷	0.1500	0.1500	0.1500
	29060904	电气塑料软管 ϕ6	m		2.1000	5.8400
	29173401	塑料线夹	个		8.0000	11.6000
	29173851	自粘式扎带固定座 30×30	10 只		3.0000	5.8000
	29174001	尼龙扎带	根		30.0000	58.0000
	X0045	其他材料费	%	10.1100	4.1200	4.7400
机械	99070530	载重汽车 5t	台班	0.0370	0.0930	0.0930
	99090360	汽车式起重机 8t	台班	0.0930	0.1400	0.1400
	99250010	交流弧焊机 21kV·A	台班	0.2910	0.3310	0.3310

二、低压配电装置

工作内容：安装、支架制作安装及支架刷油。

定额编号				B-1-4-19	B-1-4-20	B-1-4-21	B-1-4-22
项目				双电源配电箱	落地式动力配电箱	落地式照明配电箱	墙式配电箱
名称			单位	台	台	台	台
人工	00050101	综合人工 安装	工日	2.5080	2.5250	2.2590	1.6112
材料	01130336	热轧镀锌扁钢 50～75	kg	2.4480	2.4480	2.4480	0.4740
	01190203-1	热轧槽钢 8#	m	4.2000	4.2000	4.2000	
	01210291	等边角钢 50×5	m				2.1000
	01090211	镀锌圆钢 ϕ5～10	kg				0.3030
	01290248	热轧钢板(薄板) δ2.5	kg	0.4000	0.4000	0.4000	0.1000
	01291901	钢板垫板	kg	0.3000	0.3000	0.3000	
	03018174	膨胀螺栓(钢制) M12	套				2.0400
	03130114	电焊条 J422 ϕ3.2	kg	0.9740	0.9740	0.9740	0.4120
	13010101	调和漆	kg	0.6500	0.6500	0.6500	0.2645
	13010421	酚醛磁漆	kg	0.0200	0.0200	0.0200	0.0110
	13011011	清油 C01-1	kg	0.2000	0.2000	0.2000	0.0800
	13050511	醇酸防锈漆 C53-1	kg	0.7080	0.7080	0.7080	0.2800
	14050111	溶剂油 200#	kg	0.1400	0.1400	0.1400	0.0600
	14050201	松香水	kg	0.1600	0.1600	0.1600	0.0640
	14090611	电力复合酯 一级	kg		0.0500		
	14390101	氧气	m^3	0.6000	0.6000	0.6000	0.2400
	14390302	乙炔气	kg	0.1200	0.1200	0.1200	0.0500
	27170416	电气绝缘胶带(PVC) 18×20m	卷	0.1000		0.1000	0.0500
	27170513	自粘性橡胶绝缘胶带 20×5m	卷		0.2000		
	28010113	裸铜线 $10mm^2$	m		0.2000	0.6000	0.2000
	29060904	电气塑料软管 ϕ6	m	10.0000	6.0000	16.0000	8.0000
	29090214	铜接线端子 DT-10	个		2.0200	2.0200	1.0100
	X0045	其他材料费	%	1.9200	1.8300	2.2400	2.7100
机械	99070530	载重汽车 5t	台班	0.0600			
	99090360	汽车式起重机 8t	台班	0.0600			
	99250010	交流弧焊机 21kV·A	台班	0.4080	0.4080	0.4080	0.1680

工作内容:1，2，3. 安装、支架制作安装及支架刷油。
4. 安装。

定额编号				B-1-4-23	B-1-4-24	B-1-4-25	B-1-4-26
项目				电表箱安装	插座箱安装	端子箱安装	集中空调开关
名称			单位	台	台	台	套
人工	00050101	综合人工 安装	工日	1.8793	1.0160	1.4928	0.1790
材料	Z26491101	集中空调开关	套				(1.0100)
	01090211	镀锌圆钢 ϕ5～10	kg	0.2820			
	01130334	热轧镀锌扁钢 25～45	kg		0.7490		
	01130336	热轧镀锌扁钢 50～75	kg			2.5500	
	01150103	热轧型钢 综合	kg	1.5750	1.0500	1.0500	
	01210113	等边角钢 20～30	kg			6.9000	
	01291901	钢板垫板	kg		0.1500	0.2100	
	03014221	镀锌六角螺栓连母垫 M8×120	10套		0.4100		
	03014292	镀锌六角螺栓连母垫 M10×70	10套	0.0945	0.0630	0.0630	
	03017208	半圆头镀锌螺栓连母垫 M2～5×15～50	10套				0.2080
	03018172	膨胀螺栓(钢制) M8	套	4.1000			
	03110215	尼龙砂轮片 ϕ400	片	0.0067	0.0055	0.0055	
	03130114	电焊条 J422 ϕ3.2	kg	0.1045	0.1280	0.3180	
	03131801	焊锡丝	kg				0.0010
	13010101	调和漆	kg	0.0820	0.0460	0.2460	
	13010421	酚醛磁漆	kg	0.0100	0.0100		
	13011011	清油 C01-1	kg	0.0090	0.0060	0.0510	
	13050511	醇酸防锈漆 C53-1	kg	0.0303	0.0207	0.0657	
	14050111	溶剂油 200#	kg	0.0081	0.0054	0.0054	
	14050201	松香水	kg	0.0075	0.0050	0.0050	
	14090611	电力复合酯 一级	kg		0.4100		
	27170416	电气绝缘胶带(PVC) 18×20m	卷	0.1000			
	27170513	自粘性橡胶绝缘胶带 20×5m	卷		0.1000		
	28010112	裸铜线 6mm^2	m		0.0600		
	28010113	裸铜线 10mm^2	m	0.5000	0.1400		
	28030811	聚氯乙烯双股胶质软线 2×16/0.15mm^2	m			1.8500	
	29060903	电气塑料软管 ϕ5	m				0.0300
	29060904	电气塑料软管 ϕ6	m	4.2000	9.4000		
	29090213	铜接线端子 DT-6	个		0.6060		
	29090214	铜接线端子 DT-10	个	2.0520	1.4140		
	28030215	铜芯聚氯乙烯绝缘线 BV-2.5mm^2	m				0.7640
	X0045	其他材料费	%	3.2000	4.3600	0.5100	1.8000
机械	99230170	砂轮切割机 ϕ400	台班	0.0030	0.0020	0.0020	
	99250010	交流弧焊机 21kV·A	台班	0.0808	0.0638	0.0948	

工作内容：安装。

定额编号				B-1-4-27	B-1-4-28	B-1-4-29	B-1-4-30
项目				床头柜集控板安装	水位电气信号装置安装	按钮安装	电笛、讯响器
名称			单位	套	套	套	套
人工	00050101	综合人工 安装	工日	1.5170	2.2306	0.2183	0.0790
材料	Z26210101	按钮	个			(1.0000)	
	Z26311601	床头柜集控板	个	(1.0000)			
	Z55350311	电笛	只				(1.0000)
	01050119	钢丝绳 ϕ4.2～10	m		6.0000		
	01090212	镀锌圆钢 ϕ10～15	kg		0.6880		
	01130336	热轧镀锌扁钢 50～75	kg		0.7780		
	01210420	等边镀锌角钢 20～30×3～4	kg		3.0000		
	01290239	热轧钢板(薄板) δ1	kg		1.6988		
	01350502	紫铜板	kg		0.3000		
	01430111	铝板材 L12.1～2.4×2～4	kg		0.0840		
	02051506	橡皮护套圈 ϕ6～32	个			1.0000	
	03011120	木螺钉 M4×65 以下	10 个		0.1680		
	03011121	木螺钉 M6×100 以下	10 个		0.1680		
	03013441	铜六角螺栓连母垫 M6×30	10 套		0.3660		
	03017211	半圆头镀锌螺栓连母垫 M6～12×12～50	10 套		0.8160		
	03018173	膨胀螺栓(钢制) M10	套		2.8560		
	03130114	电焊条 J422 ϕ3.2	kg		0.0500	0.0280	0.0160
	03131801	焊锡丝	kg	0.0600			
	03131901	焊锡	kg				0.0300
	03131941	焊锡膏 50g/瓶	kg	0.0110			0.0100
	03152513	镀锌铁丝 14#～16#	kg		0.0040		
	05254311	方木台 170×85×20	块		0.4000		
	13010101	调和漆	kg		0.1000		
	13050511	醇酸防锈漆 C53-1	kg		0.1000		
	17250111	硬聚氯乙烯给水管(PVC-U)dn15	m		1.8000		
	27170416	电气绝缘胶带(PVC) 18×20m	卷	0.0800			
	27190411	酚醛层压板 δ10～20	m^2		0.0084		
	28010112	裸铜线 6mm^2	m			0.3070	0.1200
	29060904	电气塑料软管 ϕ6	m	1.2000		0.5000	
	29090213	铜接线端子 DT-6	个			2.0300	0.8120
	X0045	其他材料费	%	10.0000	4.2100	10.0000	3.4100
机械	99190030	普通车床 ϕ400×1000	台班		0.0800		
	99250010	交流弧焊机 21kV·A	台班		0.0280	0.0070	0.0080

工作内容:安装。

定　额　编　号				B-1-4-31
项　　目				信号指示灯
名　　称			单位	套
人工	00050101	综合人工 安装	工日	0.1128
材料	Z25350101	指示灯	套	(1.0100)
	03011106	木螺钉 M2～4×6～65	10 个	0.1680
	03018807	塑料膨胀管(尼龙胀管) M6～8	个	1.6240
	17251714	异形塑料管 $\phi5$	m	0.0500
	29060904	电气塑料软管 $\phi6$	m	0.5000
	X0045	其他材料费	%	2.6400

第二节　定 额 含 量

一、控制、继电、模拟屏安装

工作内容:1，2. 安装、基础槽钢制作安装及支架刷油。
3，4. 安装、支架制作安装及支架刷油。

定　额　编　号			B-1-4-1	B-1-4-2	B-1-4-3	B-1-4-4
项　　目			控制屏、柜	继电、信号屏	模拟屏	
					面宽 1m 以内	面宽 2m 以内
			台	台	台	台
预算定额编号	预算定额名称	预算定额单位	数　　量			
03-4-4-1	控制继电保护屏 控制屏、柜	台	1.0000			
03-4-4-2	控制继电保护屏 继电、信号屏	台		1.0000		
03-4-4-3	控制继电保护屏 模拟屏 1m 以内(宽)	台			1.0000	
03-4-4-4	控制继电保护屏 模拟屏 2m 以内(宽)	台				1.0000
03-4-13-7	一般铁构件 制作每件重 20kg 以内	100kg			0.0250	0.0500
03-4-13-11	一般铁构件 安装每件重 20kg 以内	100kg			0.0250	0.0500
03-4-13-1	基础槽钢制作	10m	0.3000	0.3000		
03-4-13-3	基础槽钢安装	10m	0.3000	0.3000		

工作内容：安装、基础槽钢制作安装及支架刷油。

定额编号			B-1-4-5	B-1-4-6	B-1-4-7	B-1-4-8
项目			低压配电屏	弱电控制返回屏	控制台	
					台宽 1m 以内	台宽 2m 以内
			台	台	台	台
预算定额编号	预算定额名称	预算定额单位	数量			
03-4-4-5	控制继电保护屏 低压配电屏、柜	台	1.0000			
03-4-4-6	控制继电保护屏 弱电控制返回屏	台		1.0000		
03-4-4-13	控制继电保护屏 控制台 1m 以内	台			1.0000	
03-4-4-14	控制继电保护屏 控制台 2m 以内	台				1.0000
03-4-13-1	基础槽钢制作	10m	0.3000	0.3000	0.3000	0.6000
03-4-13-3	基础槽钢安装	10m	0.3000	0.3000	0.3000	0.6000

工作内容：安装、基础槽钢制作安装及支架刷油。

定额编号			B-1-4-9	B-1-4-10	B-1-4-11
项目			直流屏	自动调节励磁屏	励磁灭磁屏
			台	台	台
预算定额编号	预算定额名称	预算定额单位	数量		
03-4-4-10	直流屏安装 直流充电屏	台	0.2000		
03-4-4-11	直流屏安装 直流馈电屏	台	0.8000		
03-4-4-7	控制继电保护屏 自动调节励磁屏	台		1.0000	
03-4-4-8	控制继电保护屏 励磁灭磁屏	台			1.0000
03-4-4-9	端电池控制屏安装 蓄电池、端电池控制屏	台			
03-4-13-1	基础槽钢制作	10m	0.3000	0.3000	0.3000
03-4-13-3	基础槽钢安装	10m	0.3000	0.3000	0.3000

工作内容：安装、基础槽钢制作安装及支架刷油。

定额编号			B-1-4-12	B-1-4-13	B-1-4-14	B-1-4-15
项目			柴油发电机组控制屏	蓄电池控制屏	硅整流柜安装	
					500A 以内	3200A 以内
			台	台	台	台
预算定额编号	预算定额名称	预算定额单位	数量			
03-4-4-9	端电池控制屏安装 蓄电池、端电池控制屏	台		1.0000		
03-4-4-12	控制继电保护屏 柴油发电机组控制屏	台	1.0000			
03-4-4-17	硅整流柜安装 100A 以内	台			0.2000	
03-4-4-18	硅整流柜安装 500A 以内	台			0.8000	
03-4-4-19	硅整流柜安装 1000A 以内	台				0.2000
03-4-4-20	硅整流柜安装 3200A 以内	台				0.8000
03-4-13-1	基础槽钢制作	10m	0.3000	0.3000	0.3000	0.3000
03-4-13-3	基础槽钢安装	10m	0.3000	0.3000	0.3000	0.3000

工作内容:安装、基础槽钢制作安装及支架刷油。

定额编号			B-1-4-16	B-1-4-17	B-1-4-18
项目			硅整流柜安装	可控硅柜安装	
			6000A 以内	100A 以内	2000A 以内
			台	台	台
预算定额编号	预算定额名称	预算定额单位	数量		
03-4-4-21	硅整流柜安装 6000A 以内	台	1.0000		
03-4-4-22	可控硅柜安装 100A 以内	台		1.0000	
03-4-4-23	可控硅柜安装 800A 以内	台			0.2000
03-4-4-24	可控硅柜安装 2000A 以内	台			0.8000
03-4-13-1	基础槽钢制作	10m	0.3000	0.3000	0.3000
03-4-13-3	基础槽钢安装	10m	0.3000	0.3000	0.3000

二、低压配电装置

工作内容:安装、支架制作安装及支架刷油。

定额编号			B-1-4-19	B-1-4-20	B-1-4-21	B-1-4-22
项目			双电源配电箱	落地式动力配电箱	落地式照明配电箱	墙式配电箱
			台	台	台	台
预算定额编号	预算定额名称	预算定额单位	数量			
03-4-4-34	事故照明切换柜、屏、箱安装	台(块)	1.0000			
03-4-4-25	动力配电盘、箱、柜 落地安装	台(块)		1.0000		
03-4-4-26	照明配电盘、箱、柜 落地安装	台(块)			1.0000	
03-4-4-27	配电箱、盘、柜 悬挂式安装 8 回路以下	台(块)				0.1000
03-4-4-28	配电箱、盘、柜 悬挂式安装 16 回路以下	台(块)				0.1000
03-4-4-29	配电箱、盘、柜 悬挂式安装 30 回路以下	台(块)				0.2000
03-4-4-30	配电箱、盘、柜 悬挂式安装 30 回路以上	台(块)				0.1000
03-4-4-31	配电箱、盘、柜 嵌墙式安装 8 回路以下	台(块)				0.1000
03-4-4-32	配电箱、盘、柜 嵌墙式安装 16 回路以下	台(块)				0.2000
03-4-4-33	配电箱、盘、柜 嵌墙式安装 30 回路以下	台(块)				0.2000
03-4-13-1	基础槽钢制作	10m	0.4000	0.4000	0.4000	
03-4-13-2	基础角钢制作	10m				0.2000
03-4-13-3	基础槽钢安装	10m	0.4000	0.4000	0.4000	
03-4-13-4	基础角钢安装	10m				0.2000

工作内容:1，2，3. 安装、支架制作安装及支架刷油。
4. 安装。

定　额　编　号			B-1-4-23	B-1-4-24	B-1-4-25	B-1-4-26
项　　目			电表箱安装	插座箱安装	端子箱安装	集中空调开关
			台	台	台	套
预算定额编号	预算定额名称	预算定额单位	数　　量			
03-4-4-35	小型配电箱安装(半周长) 0.5m 以内	台(块)		0.3000		
03-4-4-36	小型配电箱安装(半周长) 1m 以内	台(块)		0.7000		
03-4-4-43	电表箱安装（四表以下）	台(块)	0.6000			
03-4-4-44	电表箱安装（四表以上）	台(块)	0.4000			
03-4-4-69	集中空调开关	套				1.0000
03-4-4-91	端子箱安装 户外式	台			0.7000	
03-4-4-92	端子箱安装 户内式	台			0.3000	
03-4-13-5	一般铁构件 制作每件重 1kg 以内	100kg		0.0100	0.0100	
03-4-13-9	一般铁构件 安装每件重 1kg 以内	100kg		0.0100	0.0100	
03-4-13-6	一般铁构件 制作每件重 5kg 以内	100kg	0.0150			
03-4-13-10	一般铁构件 安装每件重 5kg 以内	100kg	0.0150			

工作内容:安装。

定　额　编　号			B-1-4-27	B-1-4-28	B-1-4-29	B-1-4-30
项　　目			床头柜集控板安装	水位电气信号装置安装	按钮安装	电笛、讯响器
			套	套	套	套
预算定额编号	预算定额名称	预算定额单位	数　　量			
03-4-4-102	电笛、讯响器安装 普通型	个				0.6000
03-4-4-103	电笛、讯响器安装 防爆型	个				0.4000
03-4-4-108	机械式水位电气信号装置安装	套		0.4000		
03-4-4-109	电子式水位电气信号装置安装	套		0.2000		
03-4-4-110	液位式水位电气信号装置安装	套		0.4000		
03-4-4-70	床头柜集控板安装	套	1.0000			
03-4-4-96	按钮安装 普通型	个			0.2000	
03-4-4-97	按钮安装 防爆型	个			0.3000	
03-4-4-98	按钮安装 室外型	个			0.2000	
03-4-4-99	消火栓箱内带指示灯按钮	个			0.3000	

工作内容：安装。

定额编号			B-1-4-31
项目			信号指示灯
			套
预算定额编号	预算定额名称	预算定额单位	数量
03-4-4-100	信号指示灯(装在盘柜上)	个	0.2000
03-4-4-101	信号指示灯(装在墙上)	个	0.8000

第五章　蓄电池、太阳能及不间断电源(UPS)安装

说　　明

一、本章包括蓄电池防震支架、蓄电池、太阳能电池设备、不间断电源(UPS)安装及电源设备调试。

二、蓄电池防震支架、电极连接条、紧固螺栓和绝缘垫,定额按随设备配套供应考虑。

三、太阳能电池设备安装包括太阳能电池板制作安装及太阳能基础底座及预埋件等内容,未包括防雷接地的内容。需要时,执行本册相应定额子目。

四、蓄电池充放电电量已计入定额,不论酸性、碱性电池均按其电压和容量执行相应定额,以容量100A·h为基准,电消耗量以256kW·h为基数乘以相应比例调整,其余消耗量不变。

工程量计算规则

一、蓄电池防震支架安装区分支架布置形式,按设计图示数量计算,以“m”为计量单位。

二、蓄电池安装按设计图示数量计算,以“组”为计量单位。

三、蓄电池充放电以容量100A·h为基准,以“组”为计量单位,容量不同时,定额内电消耗量按比例调整,其余不变。

四、太阳能电池板钢架安装,按设计图示数量计算,以“m^2”为计量单位。

五、太阳能电池安装区分容量,按设计图示数量计算,以“组”为计量单位。

六、太阳能电池与控制屏联测,按设计布置图示安装方阵数量,以“方阵组”为计量单位。

七、光伏逆变器区分容量,按设计图示数量计算,以“台”为计量单位。

八、太阳能控制器,按设计图示数量计算,以“台”为计量单位。

九、不间断电源安装区分相数和容量,按设计图示数量计算,以“套”为计量单位。

十、电源设备调试区分容量,按设计图示数量计算,以“套”为计量单位。

第一节　定额消耗量

一、蓄电池防震支架安装

工作内容:安装。

定额编号				B-1-5-1	B-1-5-2	B-1-5-3	B-1-5-4
项目				单层单列	单层双列	双层单列	双层双列
名称			单位	m	m	m	m
人工	00050101	综合人工 安装	工日	0.2990	0.4960	0.7640	1.3260
材料	03130114	电焊条 J422 φ3.2	kg	0.1100	0.2200	0.2700	0.5400
	13054401	耐酸漆	kg	0.2500	0.3000	0.4000	0.6000
	14050111	溶剂油 200#	kg	0.0600	0.1200	0.1800	0.2000
	03018176	膨胀螺栓(钢制) M16	套	2.2000	5.4000		
	03018178	膨胀螺栓(钢制) M20	套			2.2000	5.4000
	X0045	其他材料费	%	5.0100	3.9000	1.5100	1.0000
机械	99250010	交流弧焊机 21kV·A	台班	0.1400	0.2900	0.3600	0.5200

工作内容:安装。

定额编号				B-1-5-5	B-1-5-6	B-1-5-7
项目				三～四层双列	五～六层双列	七～八层双列
名称			单位	m	m	m
人工	00050101	综合人工 安装	工日	2.0900	2.9100	3.9900
材料	03018174	膨胀螺栓(钢制) M12	套	4.0400	4.0400	4.0400
	03130114	电焊条 J422 φ3.2	kg	0.4100	0.4100	0.4100
	13054401	耐酸漆	kg	0.8000	1.0000	1.2500
	14050111	溶剂油 200#	kg	0.2600	0.3500	0.4200
	X0045	其他材料费	%	1.0000	1.0000	1.0000
机械	99250010	交流弧焊机 21kV·A	台班	0.5200	0.5200	0.5200

二、蓄电池安装

工作内容:1. 安装。

2. 充放电,回路检查,数据记录。

定额编号				B-1-5-8	B-1-5-9
项目				蓄电池安装	蓄电池充放电
					100A·h
名称			单位	组	组
人工	00050101	综合人工 安装	工日	0.6030	3.7820
材料	03018175	膨胀螺栓(钢制) M14	套	0.8200	
	14090611	电力复合酯 一级	kg	0.0100	
	27170513	自粘性橡胶绝缘胶带 20×5m	卷		1.5000
	27170601	相色带	卷	0.1100	
	34110301	电	kW·h		256.0000
	X0045	其他材料费	%	2.0000	0.5000

三、太阳能电池设备安装

工作内容:安装。

		定额编号		B-1-5-10	B-1-5-11	B-1-5-12	B-1-5-13
		项目		太阳能电池板钢架安装		太阳能电池安装	
				平面上	支架、柱上	1500Wp 以内	1500Wp 以上每增加 500Wp
		名称	单位	m^2	m^2	组	组
人工	00050101	综合人工 安装	工日	1.3767	1.3175	4.5589	1.5050
材料	01150212	镀锌型钢	kg	10.8254	10.8254		
	01290648	镀锌薄钢板 δ2	kg	0.2836	0.2836		
	03014411	不锈钢六角螺栓连母垫 M8×25	10 套	0.1348	0.1348		
	03014413	不锈钢六角螺栓连母垫 M10×35	10 套	0.2587	0.2587		
	03014415	不锈钢六角螺栓连母垫 M12×75	10 套	0.1294	0.1294		
	03014417	不锈钢六角螺栓连母垫 M12×180	10 套	0.1294	0.1294		
	03110215	尼龙砂轮片 ϕ400	片	0.0487	0.0487		
	03130101	电焊条	kg	0.3200	0.4100		
	03130114	电焊条 J422 ϕ3.2	kg	0.2490	0.2490		
	04131754	蒸压灰砂砖 240×115×53	1000 块	0.0025			
	13010101	调和漆	kg	0.1732	0.1732		
	13010115	酚醛调和漆	kg	0.0520	0.0600		
	13011011	清油 C01-1	kg	0.0650	0.0650		
	13050511	醇酸防锈漆 C53-1	kg	0.3007	0.3087		
	14050111	溶剂油 200#	kg	0.0300	0.0400		
	14050121	油漆溶剂油	kg	0.0585	0.0585		
	14050201	松香水	kg	0.0541	0.0541		
	27170416	电气绝缘胶带(PVC) 18×20m	卷			0.1175	0.0500
	28030215	铜芯聚氯乙烯绝缘线 BV-2.5mm^2	m			0.3620	0.2000
	34110101	水	m^3	0.0425	0.0415		
	35010703	木模板成材	m^3	0.0020	0.0020		
	80060112	干混砌筑砂浆 DM M7.5	m^3	0.0011			
	80210521	预拌混凝土(非泵送型) C30 粒径 5～40	m^3	0.0301	0.0301		
	X0045	其他材料费	%	2.3700	2.2700	1.8100	1.8000
机械	98050550	高压绝缘电阻测试仪 3124	台班			0.1350	0.1000
	98050930	数字万用表 7151	台班			0.0570	0.0400
	99091460	电动卷扬机 单筒慢速 30kN	台班	0.1800			
	99091910	汽车式高空作业车 21m	台班		0.1050	0.0470	0.0300
	99230170	砂轮切割机 ϕ400	台班	0.0205	0.0205		
	99250010	交流弧焊机 21kV·A	台班	0.1853	0.2053		

工作内容：1. 安装，组件与电路连接，太阳能电池与控制屏联测。
2，3，4. 安装、接地、调试。

定额编号				B-1-5-14	B-1-5-15	B-1-5-16	B-1-5-17
项目				太阳能电池与控制屏联测	光伏逆变器安装		
					功率		
					≤100kW	≤500kW	≤1000kW
		名称	单位	方阵组	台	台	台
人工	00050101	综合人工 安装	工日	1.5050	5.3761	11.9741	21.1040
材料	01130334	热轧镀锌扁钢 25～45	kg		3.4720	10.4500	19.0000
	01150103	热轧型钢 综合	kg		28.2100	42.0200	74.1000
	01291901	钢板垫板	kg		1.0850	4.6970	8.1700
	03130101	电焊条	kg		0.3255	2.1230	3.8000
	03131801	焊锡丝	kg		0.2075	0.5390	0.9500
	03131941	焊锡膏 50g/瓶	kg		0.0415	0.1078	0.1900
	13010115	酚醛调和漆	kg		0.2170	0.5280	0.9500
	13050511	醇酸防锈漆 C53-1	kg		0.2170	0.5280	0.9500
	14030101	汽油	kg		0.2170	0.5500	0.9500
	14070101	机油	kg		0.1085	0.1100	0.1900
	14090611	电力复合酯 一级	kg		0.0840	0.1617	0.2850
	17010114	焊接钢管 DN25	kg		5.2080	6.9300	11.9700
	27170416	电气绝缘胶带(PVC) 18×20m	卷	0.0500			
	28030215	铜芯聚氯乙烯绝缘线 BV-2.5mm^2	m	0.5000			
	X0045	其他材料费	%	2.0000	2.3100	2.3000	2.3000
机械	98050550	高压绝缘电阻测试仪 3124	台班	0.5000	0.5474	0.5550	0.9590
	98050765	电容分压器交直流高压测量系统(TPFRC)	台班		0.2742	0.2780	0.4790
	98050930	数字万用表 7151	台班	0.0800			
	98110420	继电器保护测试仪 JBC	台班	0.3000			
	98370890	便携式计算机	台班	0.5000			
	98470020	交流试验变压器 TSB-10/50	台班		0.2742	0.2780	0.4790
	98470040	高压试验变压器装置 YDJHJ12-E	台班		0.2742	0.2780	0.4790
	99070530	载重汽车 5t	台班			0.0989	0.1780
	99090360	汽车式起重机 8t	台班			0.0989	0.1780
	99091910	汽车式高空作业车 21m	台班	0.0500			
	99250010	交流弧焊机 21kV·A	台班		0.2535	1.0074	1.7760

工作内容:安装、接地、调试。

定额编号				B-1-5-18
项目				太阳能控制器安装
名称			单位	台
人工	00050101	综合人工 安装	工日	0.7620
材料	01130334	热轧镀锌扁钢 25～45	kg	2.2660
	01291901	钢板垫板	kg	0.3090
	03130101	电焊条	kg	0.1546
	03131801	焊锡丝	kg	0.1546
	03131941	焊锡膏 50g/瓶	kg	0.0310
	13010115	酚醛调和漆	kg	0.1030
	13050511	醇酸防锈漆 C53-1	kg	0.1030
	14030101	汽油	kg	0.0516
	14090611	电力复合酯 一级	kg	0.0618
	X0045	其他材料费	%	2.3000
机械	98050550	高压绝缘电阻测试仪 3124	台班	0.3118
	98050765	电容分压器交直流高压测量系统(TPFRC)	台班	0.1564
	98470020	交流试验变压器 TSB-10/50	台班	0.1564
	98470040	高压试验变压器装置 YDJHJ12-E	台班	0.1564
	99250010	交流弧焊机 21kV·A	台班	0.1442

四、不间断电源(UPS)安装

工作内容:安装、接地。

定额编号				B-1-5-19	B-1-5-20	B-1-5-21	B-1-5-22
项目				单相不间断电源安装	三相不间断电源安装		
				≤10kV·A	≤100kV·A	≤300kV·A	>300kV·A
名称			单位	套	套	套	套
人工	00050101	综合人工 安装	工日	2.8680	5.0092	6.6286	9.5740
材料	03014306	镀锌六角螺栓连母垫弹垫 M8×100 以内	10套	2.0200	3.2320	4.0400	4.0400
	03018174	膨胀螺栓(钢制) M12	套	16.1600	25.8560	32.3200	32.3200
	03131901	焊锡	kg	0.1000	0.1600	0.2000	0.2000
	03131941	焊锡膏 50g/瓶	kg	0.0100	0.0160	0.0200	0.0200
	14030101	汽油	kg	0.5000	0.5000	0.5000	0.5000
	X0045	其他材料费	%	5.5000	5.5000	5.5000	5.5100

五、电源设备调试

工作内容:单机及控制回路系统调试。

<table>
<tr><td colspan="4">定　额　编　号</td><td>B-1-5-23</td><td>B-1-5-24</td><td>B-1-5-25</td></tr>
<tr><td colspan="4" rowspan="2">项　　目</td><td colspan="3">三相不间断电源</td></tr>
<tr><td>≤100kV·A</td><td>≤300kV·A</td><td>>300kV·A</td></tr>
<tr><td colspan="3">名　　称</td><td>单位</td><td>套</td><td>套</td><td>套</td></tr>
<tr><td>人工</td><td>00050101</td><td>综合人工 安装</td><td>工日</td><td>5.8100</td><td>9.3800</td><td>14.5000</td></tr>
<tr><td rowspan="3">材料</td><td>27170517</td><td>自粘性橡胶绝缘胶带 25×20m</td><td>卷</td><td>0.5351</td><td>0.7958</td><td>0.5780</td></tr>
<tr><td>28030906</td><td>铜芯橡皮绝缘电线 BX-500V 2.5mm²</td><td>m</td><td>1.0321</td><td>1.6100</td><td>1.1560</td></tr>
<tr><td>X0045</td><td>其他材料费</td><td>%</td><td>2.0000</td><td>2.0000</td><td>2.0000</td></tr>
<tr><td rowspan="5">机械</td><td>98030045</td><td>三相精密测试电源</td><td>台班</td><td>1.0900</td><td>1.6260</td><td>2.4900</td></tr>
<tr><td>98051150</td><td>数字万用表 PF-56</td><td>台班</td><td>1.0900</td><td>1.6260</td><td>2.4900</td></tr>
<tr><td>98110420</td><td>继电器保护测试仪 JBC</td><td>台班</td><td>1.0900</td><td>1.6260</td><td>2.4900</td></tr>
<tr><td>98130710</td><td>数字毫秒计 DM3-802H</td><td>台班</td><td>1.0900</td><td>1.6260</td><td>2.4900</td></tr>
<tr><td>98230905</td><td>数字示波器</td><td>台班</td><td>1.0900</td><td>1.6260</td><td>2.4900</td></tr>
</table>

第二节　定额含量

一、蓄电池防震支架安装

工作内容:安装。

<table>
<tr><td colspan="3">定　额　编　号</td><td>B-1-5-1</td><td>B-1-5-2</td><td>B-1-5-3</td><td>B-1-5-4</td></tr>
<tr><td colspan="3" rowspan="2">项　　目</td><td>单层单列</td><td>单层双列</td><td>双层单列</td><td>双层双列</td></tr>
<tr><td>m</td><td>m</td><td>m</td><td>m</td></tr>
<tr><td>预算定额编号</td><td>预算定额名称</td><td>预算定额单位</td><td colspan="4">数　　量</td></tr>
<tr><td>03-4-5-1</td><td>蓄电池防震支架安装 单层单列</td><td>m</td><td>1.0000</td><td></td><td></td><td></td></tr>
<tr><td>03-4-5-2</td><td>蓄电池防震支架安装 单层双列</td><td>m</td><td></td><td>1.0000</td><td></td><td></td></tr>
<tr><td>03-4-5-3</td><td>蓄电池防震支架安装 双层单列</td><td>m</td><td></td><td></td><td>1.0000</td><td></td></tr>
<tr><td>03-4-5-4</td><td>蓄电池防震支架安装 双层双列</td><td>m</td><td></td><td></td><td></td><td>1.0000</td></tr>
</table>

工作内容:安装。

定额编号			B-1-5-5	B-1-5-6	B-1-5-7
项目			三～四层双列	五～六层双列	七～八层双列
			m	m	m
预算定额编号	预算定额名称	预算定额单位	数量		
03-4-5-5	蓄电池防震支架安装 3～4 层双列	m	1.0000		
03-4-5-6	蓄电池防震支架安装 5～6 层双列	m		1.0000	
03-4-5-7	蓄电池防震支架安装 7～8 层双列	m			1.0000

二、蓄电池安装

工作内容:1. 安装。
2. 充放电,回路检查,数据记录。

定额编号			B-1-5-8	B-1-5-9
项目			蓄电池安装	蓄电池充放电
				100A·h
			组	组
预算定额编号	预算定额名称	预算定额单位	数量	
03-4-5-9	免维护蓄电池安装 电压/容量(V/A·h) 6/390 以下	组	0.2000	
03-4-5-10	免维护蓄电池安装 电压/容量(V/A·h) 6/820 以下	组	0.2000	
03-4-5-11	免维护蓄电池安装 电压/容量(V/A·h) 6/980 以下	组	0.3000	
03-4-5-12	免维护蓄电池安装 电压/容量(V/A·h) 6/1070 以下	组	0.3000	
03-4-5-22	220V 以下蓄电池组充放电 容量 100Ah 以下	组		1.0000

三、太阳能电池设备安装

工作内容：安装。

定额编号			B-1-5-10	B-1-5-11	B-1-5-12	B-1-5-13
项目			太阳能电池板钢架安装		太阳能电池安装	
			平面上	支架、柱上	1500Wp 以内	1500Wp 以上每增加 500Wp
			m^2	m^2	组	组
预算定额编号	预算定额名称	预算定额单位	数量			
03-4-5-44	太阳能电池板钢架安装 地面上	m^2	0.2000			
03-4-5-45	太阳能电池板钢架安装 墙面、屋面上	m^2	0.8000			
03-4-5-46	太阳能电池板钢架安装 支架、支柱上	m^2		1.0000		
03-4-5-47	太阳能电池安装 500Wp 以下	组			0.1000	
03-4-5-48	太阳能电池安装 1000Wp 以下	组			0.2000	
03-4-5-49	太阳能电池安装 1500Wp 以下	组			0.7000	
03-4-5-50	太阳能电池安装 1500Wp 以上每增加 500Wp	组				1.0000
21-2-6-1	地面及平屋面太阳能电池板钢架制作（单片长条型）	m^2	1.0000	1.0000		

工作内容：1. 安装，组件与电路连接，太阳能电池与控制屏联测。
2，3，4. 安装、接地、调试。

定额编号			B-1-5-14	B-1-5-15	B-1-5-16	B-1-5-17
项目			太阳能电池与控制屏联测	光伏逆变器安装		
				功率		
				≤100kW	≤500kW	≤1000kW
			方阵组	台	台	台
预算定额编号	预算定额名称	预算定额单位	数量			
03-4-5-51	太阳能电池与控制屏联测	方阵组	1.0000			
03-4-5-52	光伏逆变器安装 功率≤10kW	台		0.1000		
03-4-5-53	光伏逆变器安装 功率≤100kW	台		0.9000		
03-4-5-54	光伏逆变器安装 功率≤250kW	台			0.1000	
03-4-5-55	光伏逆变器安装 功率≤500kW	台			0.9000	
03-4-5-56	光伏逆变器安装 功率≤1000kW	台				1.0000

工作内容:安装、接地、调试。

定　额　编　号			B-1-5-18
项　　目			太阳能控制器安装
			台
预算定额编号	预算定额名称	预算定额单位	数　　量
03-4-5-57	太阳能控制器安装 电压等级≤96V	台	0.2000
03-4-5-58	太阳能控制器安装 电压等级≤110V	台	0.8000

四、不间断电源(UPS)安装

工作内容:安装、接地。

定　额　编　号			B-1-5-19	B-1-5-20	B-1-5-21	B-1-5-22
项　　目			单相不间断电源安装	三相不间断电源安装		
			≤10kV·A	≤100kV·A	≤300kV·A	>300kV·A
			套	套	套	套
预算定额编号	预算定额名称	预算定额单位	数　　量			
03-4-5-37	UPS安装 单相不间断电源安装 10kV·A以下	套	1.0000			
03-4-5-38	UPS安装 三相不间断电源安装 30kV·A以下	套		0.2000		
03-4-5-39	UPS安装 三相不间断电源安装 50kV·A以下	套		0.2000		
03-4-5-40	UPS安装 三相不间断电源安装 100kV·A以下	套		0.6000		
03-4-5-41	UPS安装 三相不间断电源安装 200kV·A以下	套			0.2000	
03-4-5-42	UPS安装 三相不间断电源安装 300kV·A以下	套			0.8000	
03-4-5-43	UPS安装 三相不间断电源安装 300kV·A以上	套				1.0000

五、电源设备调试

工作内容：单机及控制回路系统调试。

定　额　编　号			B-1-5-23	B-1-5-24	B-1-5-25
项　　目			三相不间断电源		
			≤100kV·A	≤300kV·A	>300kV·A
			套	套	套
预算定额编号	预算定额名称	预算定额单位	数　　量		
03-4-5-59	电源设备调试 三相不间断电源 30kV·A	套	0.3000		
03-4-5-60	电源设备调试 三相不间断电源 50kV·A	套	0.3000		
03-4-5-61	电源设备调试 三相不间断电源 100kV·A	套	0.4000		
03-4-5-62	电源设备调试 三相不间断电源 200kV·A	套		0.4000	
03-4-5-63	电源设备调试 三相不间断电源 300kV·A	套		0.6000	
03-4-5-64	电源设备调试 三相不间断电源 300kV·A 以上	套			1.0000

第六章　电动机检查接线及调试

说　　明

本章包括直流电动机、交流防爆电动机、交流电动机、微型电动机变频机组等电机的检查接线及调试。

工程量计算规则

电动机检查接线区分电动机类型和容量，按设计图示数量计算，以“台”为计量单位。

第一节　定额消耗量

一、直流电动机检查接线及调试

工作内容：绝缘测试及空载试运转。

定额编号				B-1-6-1	B-1-6-2	B-1-6-3	B-1-6-4
项目				直流电动机检查接线及调试			
				13kW 以内	55kW 以内	125kW 以内	300kW 以内
名称			单位	台	台	台	台
人工	00050101	综合人工 安装	工日	1.4690	2.5644	4.1460	6.9238
材料	01130336	热轧镀锌扁钢 50～75	kg	1.5000	2.2200	2.4000	2.4000
	03130114	电焊条 J422 φ3.2	kg	0.1000	0.1000	0.1000	0.1000
	03131901	焊锡	kg	0.2000	0.2000	0.2800	0.4000
	03131941	焊锡膏 50g/瓶	kg	0.0400	0.0400	0.0560	0.0800
	14030101	汽油	kg	0.1800	0.3000	0.3800	0.7600
	14070201	润滑油	kg	0.2600	0.4500	0.7400	1.1600
	14090611	电力复合酯 一级	kg	0.0240	0.0380	0.0560	0.0800
	27170211-1	黄蜡带 20×10m	卷	1.7840	2.3440	3.1200	4.6400
	27170513	自粘性橡胶绝缘胶带 20×5m	卷	0.3000	0.3900	0.6400	1.0600
	34090711	白纱带 20×20m	卷	0.0900	0.1000	0.1000	0.1000
	X0045	其他材料费	%	0.5000	0.5000	0.5000	0.5000
机械	99250010	交流弧焊机 21kV·A	台班	0.1000	0.1000	0.1000	0.1000
	99430200	电动空气压缩机 0.6m³/min	台班	0.1000	0.1240	0.1300	0.1300

二、交流防爆电动机检查接线及调试

工作内容：绝缘测试及空载试运转。

定额编号				B-1-6-5	B-1-6-6	B-1-6-7
项目				交流防爆电动机检查接线及调试		
				18kW 以内	75kW 以内	200kW 以内
名称			单位	台	台	台
人工	00050101	综合人工 安装	工日	2.8918	4.1412	6.3912
材料	01130336	热轧镀锌扁钢 50～75	kg	2.0400	2.4000	2.4000
	03130114	电焊条 J422 φ3.2	kg	0.1000	0.1000	0.1000
	03131901	焊锡	kg	0.2000	0.2600	0.3800
	03131941	焊锡膏 50g/瓶	kg	0.0200	0.0260	0.2540
	14030101	汽油	kg	0.2440	0.4900	0.5900
	14070201	润滑油	kg	0.3600	0.5000	0.8600
	14090611	电力复合酯 一级	kg	0.0180	0.0380	0.0500
	27170211-1	黄蜡带 20×10m	卷	2.1400	3.2000	4.2600
	27170513	自粘性橡胶绝缘胶带 20×5m	卷	0.4400	0.7700	1.3400
	34090711	白纱带 20×20m	卷	0.2000	0.2000	0.2000
	X0045	其他材料费	%	0.3200	0.5000	0.5000
机械	99250010	交流弧焊机 21kV·A	台班	0.1000	0.1000	0.1000
	99430200	电动空气压缩机 0.6m³/min	台班	0.1180	0.1300	0.1300

三、交流电动机检查接线及调试

工作内容：绝缘测试及空载试运转。

定额编号				B-1-6-8	B-1-6-9	B-1-6-10	B-1-6-11
项目				交流电动机检查接线及调试			
				13kW 以内	55kW 以内	180kW 以内	360kW 以内
名称			单位	台	台	台	台
人工	00050101	综合人工 安装	工日	1.4104	3.4986	4.0678	5.6094
材料	01130336	热轧镀锌扁钢 50～75	kg	1.5360	2.2560	2.4000	2.4000
	03130114	电焊条 J422 ϕ3.2	kg	0.0640	0.1000	0.1000	0.1000
	03131901	焊锡	kg	0.1280	0.2000	0.2000	0.2000
	03131941	焊锡膏 50g/瓶	kg	0.0100	0.0200	0.0200	0.0200
	14030101	汽油	kg	0.1920	0.3000	0.7600	1.4000
	14070201	润滑油	kg	0.1880	0.3000	0.7600	1.4000
	14090611	电力复合酯 一级	kg	0.0280	0.0400	0.0600	0.0800
	27170211-1	黄蜡带 20×10m	卷	1.2800	2.0000	2.0000	2.3200
	27170513	自粘性橡胶绝缘胶带 20×5m	卷	0.4200	0.6000	1.4000	1.5000
	34090711	白纱带 20×20m	卷	0.1280	0.2000	0.2000	0.9000
	X0045	其他材料费	%	0.5000	0.5100	0.5000	0.5000
机械	99250010	交流弧焊机 21kV·A	台班	0.0640	0.1000	0.1000	0.1000
	99430200	电动空气压缩机 0.6m^3/min	台班	0.1000	0.1300	0.1300	0.1300

工作内容：绝缘测试及空载试运转。

定额编号				B-1-6-12	B-1-6-13	B-1-6-14
项目				交流电动机检查接线及调试		
				780kW 以内	4000kW 以内	6300kW 以内
名称			单位	台	台	台
人工	00050101	综合人工 安装	工日	9.5146	16.6336	20.7700
材料	01130336	热轧镀锌扁钢 50～75	kg	2.4000	2.4000	2.4000
	03130114	电焊条 J422 ϕ3.2	kg	0.1000	0.1000	0.1000
	03131901	焊锡	kg	0.2000	0.2000	0.2000
	03131941	焊锡膏 50g/瓶	kg	0.0200	0.0200	0.0200
	14030101	汽油	kg	2.8000	4.8000	6.0000
	14070201	润滑油	kg	1.9000		
	14090611	电力复合酯 一级	kg	0.0880	0.1000	0.1200
	27170211-1	黄蜡带 20×10m	卷	2.4000	4.6000	7.2000
	27170513	自粘性橡胶绝缘胶带 20×5m	卷	2.0000	2.5000	3.0000
	34090711	白纱带 20×20m	卷	1.1600	1.3600	1.6000
	X0045	其他材料费	%	0.5100	0.5100	0.5000
机械	99250010	交流弧焊机 21kV·A	台班	0.1000	0.1000	0.1000
	99430200	电动空气压缩机 0.6m^3/min	台班	0.1860	0.2500	0.2500

四、微型电动机变频机组检查接线及调试

工作内容：绝缘测试及空载试运转。

定额编号				B-1-6-15	B-1-6-16	B-1-6-17	B-1-6-18
项目				微型电动机(综合)检查接线及调试	变频机组检查接线及调试		电磁开关检查接线及调试
					8kW 以内	20kW 以内	
名称			单位	台	台	台	台
人工	00050101	综合人工 安装	工日	0.4560	2.7122	3.9108	1.4870
材料	01130334	热轧镀锌扁钢 25～45	kg		1.6800	1.6800	
	03130114	电焊条 J422 ϕ3.2	kg		0.1000	0.1000	
	03131801	焊锡丝	kg	0.0500			0.0300
	03131901	焊锡	kg		0.1400	0.2400	
	03131941	焊锡膏 50g/瓶	kg		0.0200	0.0280	0.0100
	03131945	焊锡膏	kg	0.0100			
	14030101	汽油	kg				1.8000
	14090601	电力复合酯	kg	0.0100			
	14090611	电力复合酯 一级	kg		0.0280	0.0580	
	27170211-1	黄蜡带 20×10m	卷	0.2000	1.4000	2.4000	0.0100
	27170416	电气绝缘胶带(PVC) 18×20m	卷	0.0100			0.0600
	27170513	自粘性橡胶绝缘胶带 20×5m	卷		0.6600	0.8800	
	28010209	裸铜绞线 6mm^2	m	0.3000			
	28030215	铜芯聚氯乙烯绝缘线 BV-2.5mm^2	m				1.0000
	29060819	金属软管 DN20	m	0.8240			
	29060904	电气塑料软管 ϕ6	m				0.5000
	X0045	其他材料费	%	5.0000	3.0100	3.0000	2.3000
机械	99250010	交流弧焊机 21kV·A	台班		0.1000	0.1000	
	99430200	电动空气压缩机 0.6m^3/min	台班		0.1000	0.1000	

第二节　定 额 含 量

一、直流电动机检查接线及调试

工作内容:绝缘测试及空载试运转。

定　额　编　号			B-1-6-1	B-1-6-2	B-1-6-3	B-1-6-4
项　　目			直流电动机检查接线及调试			
			13kW 以内	55kW 以内	125kW 以内	300kW 以内
			台	台	台	台
预算定额编号	预算定额名称	预算定额单位	数　　量			
03-4-6-1	直流电动机检查接线 3kW 以内	台	0.2000			
03-4-6-2	直流电动机检查接线 7.5kW 以内	台	0.2000			
03-4-6-3	直流电动机检查接线 13kW 以内	台	0.6000			
03-4-6-4	直流电动机检查接线 18.5kW 以内	台		0.2000		
03-4-6-5	直流电动机检查接线 30kW 以内	台		0.2000		
03-4-6-6	直流电动机检查接线 55kW 以内	台		0.6000		
03-4-6-7	直流电动机检查接线 75kW 以内	台			0.2000	
03-4-6-8	直流电动机检查接线 100kW 以内	台			0.2000	
03-4-6-9	直流电动机检查接线 125kW 以内	台			0.6000	
03-4-6-10	直流电动机检查接线 200kW 以内	台				0.2000
03-4-6-11	直流电动机检查接线 300kW 以内	台				0.8000

二、交流防爆电动机检查接线及调试

工作内容：绝缘测试及空载试运转。

定额编号			B-1-6-5	B-1-6-6	B-1-6-7
项目			交流防爆电动机检查接线及调试		
			18kW 以内	75kW 以内	200kW 以内
			台	台	台
预算定额编号	预算定额名称	预算定额单位	数量		
03-4-6-25	交流防爆电动机检查接线 3kW 以内	台	0.2000		
03-4-6-26	交流防爆电动机检查接线 13kW 以内	台	0.2000		
03-4-6-27	交流防爆电动机检查接线 18.5kW 以内	台	0.6000		
03-4-6-28	交流防爆电动机检查接线 30kW 以内	台		0.2000	
03-4-6-29	交流防爆电动机检查接线 40kW 以内	台		0.2000	
03-4-6-30	交流防爆电动机检查接线 75kW 以内	台		0.6000	
03-4-6-31	交流防爆电动机检查接线 100kW 以内	台			0.2000
03-4-6-32	交流防爆电动机检查接线 160kW 以内	台			0.2000
03-4-6-33	交流防爆电动机检查接线 200kW 以内	台			0.6000

三、交流电动机检查接线及调试

工作内容：绝缘测试及空载试运转。

定　额　编　号			B-1-6-8	B-1-6-9	B-1-6-10	B-1-6-11
项　　目			交流电动机检查接线及调试			
			13kW 以内	55kW 以内	180kW 以内	360kW 以内
			台	台	台	台
预算定额编号	预算定额名称	预算定额单位	数　　量			
03-4-6-12	交流电动机检查接线 3kW 以内	台	0.2000			
03-4-6-13	交流电动机检查接线 13kW 以内	台	0.8000			
03-4-6-14	交流电动机检查接线 30kW 以内	台		0.2000		
03-4-6-15	交流电动机检查接线 55kW 以内	台		0.8000		
03-4-6-16	交流电动机检查接线 100kW 以内	台			0.2000	
03-4-6-17	交流电动机检查接线 180kW 以内	台			0.8000	
03-4-6-18	交流电动机检查接线 220kW 以内	台				0.2000
03-4-6-19	交流电动机检查接线 360kW 以内	台				0.8000

工作内容：绝缘测试及空载试运转。

定　额　编　号			B-1-6-12	B-1-6-13	B-1-6-14
项　　目			交流电动机检查接线及调试		
			780kW 以内	4000kW 以内	6300kW 以内
			台	台	台
预算定额编号	预算定额名称	预算定额单位	数　　量		
03-4-6-20	交流电动机检查接线 650kW 以内	台	0.2000		
03-4-6-21	交流电动机检查接线 780kW 以内	台	0.8000		
03-4-6-22	交流电动机检查接线 1600kW 以内	台		0.2000	
03-4-6-23	交流电动机检查接线 4000kW 以内	台		0.8000	
03-4-6-24	交流电动机检查接线 6300kW 以内	台			1.0000

四、微型电动机变频机组检查接线及调试

工作内容:绝缘测试及空载试运转。

定额编号			B-1-6-15	B-1-6-16	B-1-6-17	B-1-6-18
项目			微型电动机(综合)检查接线及调试	变频机组检查接线及调试		电磁开关检查接线及调试
				8kW 以内	20kW 以内	
			台	台	台	台
预算定额编号	预算定额名称	预算定额单位	数量			
03-4-6-67	微型电动机(综合)	台	1.0000			
03-4-6-106	变频机组 容量 4kW 以下	台		0.2000		
03-4-6-107	变频机组 容量 8kW 以下	台		0.8000		
03-4-6-108	变频机组 容量 15kW 以下	台			0.2000	
03-4-6-109	变频机组 容量 20kW 以下	台			0.8000	
03-4-6-61	电磁开关接线	台				1.0000

第七章　滑触线装置安装

说　　明

一、本章包括角钢型、扁钢型、圆钢型、轻轨型、安全型滑触线及移动软电缆、滑触线指示灯、滑触线支持器等安装。

二、角钢型、扁钢型、圆钢型、安全型滑触线安装包括支架制作安装及拉紧装置。

三、滑触线及支架安装是按 10m 以下标高考虑的，如超过 10m 时，按本册说明"工程超过费"超高系数计算。

四、安全节能型滑触线安装，若为三相组合成一根的滑触线时，按单相滑触线定额乘以系数 2.0。

五、移动软电缆敷设未包括轨道安装及滑轮制作。

工程量计算规则

一、滑触线安装区分类型或容量，按设计图示尺寸以单相长度(含预留长度)计算，以"100m/单相"为计量单位。

二、移动软电缆沿钢索敷设区分长度，按设计图示数量计算，以"根"为计量单位。

三、移动软电缆沿轨道敷设，按设计图示数量计算，以"100m"为计量单位。

四、滑触线指示灯、支持器按设计图示数量计算，以"套"为计量单位。

五、滑触线的附加长度和预留长度按表 7-1 规定计算。

表 7-1　滑触线安装附加和预留长度表　　单位：m/根

序号	项　　目	预留长度	说明
1	圆钢、铜母线与设备连接	0.2	从设备接线端于接口起算
2	圆钢、铜滑触线终端	0.5	从最后一个固定点起算
3	角钢滑触线终端	1.0	从最后一个支持点起算
4	扁钢滑触线终端	1.3	从最后一个固定点起
5	扁钢母线分支	0.5	分支线预留
6	扁钢母线与设备连接	0.5	从设备接线端子接口起算
7	轻轨滑触线终端	0.8	从最后一个支持点起算
8	安全节能及其他滑触线终端	0.5	从最后一个固定点起算

第一节 定额消耗量

滑触线装置安装

工作内容:1，2. 安装、支架制作安装、支架刷油、连接伸缩器、拉紧装置。
3，4. 安装、支架制作安装、支架刷油、拉紧装置。

定额编号				B-1-7-1	B-1-7-2	B-1-7-3	B-1-7-4
项目				滑触线安装			
				角钢型	扁钢型	圆钢型	轻轨型
名称			单位	100m/单相	100m/单相	100m/单相	100m/单相
人工	00050101	综合人工 安装	工日	15.8031	7.3782	3.2125	13.6512
材料	Z29270201	滑触线	m	(104.0000)	(103.0000)	(104.0000)	(103.4000)
	01090110	圆钢 ϕ5.5～9	kg			2.6040	
	01130336	热轧镀锌扁钢 50～75	kg		8.7000		
	01150103	热轧型钢 综合	kg	23.2575	16.6845	3.0765	
	01210113	等边角钢 20～30	kg	15.2500			
	03014223	镀锌六角螺栓连母垫 M10×40	10套	1.3955	1.0011	0.1846	
	03014226	镀锌六角螺栓连母垫 M12×75	10套				57.1200
	03110215	尼龙砂轮片 ϕ400	片	0.4118	0.0874	0.0161	1.1400
	03130114	电焊条 J422 ϕ3.2	kg	7.8002	3.2909	2.0140	
	03131111	铜焊丝 ϕ3	kg				0.4000
	04030801	硼砂	kg				0.0280
	13010101	调和漆	kg	0.3544	0.2542	0.0469	
	13010117	无光调和漆	kg				2.8400
	13011011	清油 C01-1	kg	0.1329	0.0953	0.0176	
	13050511	醇酸防锈漆 C53-1	kg	3.7145	1.4749	0.0607	2.8400
	14050111	溶剂油 200#	kg	0.9196	0.3698	0.0158	0.9500
	14050201	松香水	kg	0.1108	0.0795	0.0146	
	14090611	电力复合酯 一级	kg	0.9600	0.3600		
	14390101	氧气	m^3				1.2600
	14390302	乙炔气	kg				0.5290
	28010115	裸铜线 25mm²	m				3.4040
	29270101	滑触线拉紧装置	套		2.0000	2.0000	
	29270401	滑触线伸缩器	套	1.0000	1.0000		
	37091103	轻轨联接板 358×60×6	块				28.0000
	X0045	其他材料费	%	3.6300	3.0500	3.2700	1.6000
机械	99230170	砂轮切割机 ϕ400	台班	0.1623	0.0318	0.0059	0.2580
	99250010	交流弧焊机 21kV·A	台班	2.0257	0.9293	0.6404	

工作内容:1，2. 导电器和滑触线安装、支架制作安装、支架刷油。
3，4. 配钢索、装拉紧装置、电缆敷设。

定额编号				B-1-7-5	B-1-7-6	B-1-7-7	B-1-7-8
项目				滑触线安装		移动软电缆	
				安全型		沿钢索	
				315A 以内	1250A 以内	30m 以内	60m 以内
名称			单位	100m/单相	100m/单相	根	根
人工	00050101	综合人工 安装	工日	20.3590	29.9610	1.1022	1.9440
材料	Z28110106	护套电力电缆	根			(1.0100)	(1.0100)
	Z29270201	滑触线	m	(100.5000)	(100.5000)		
	01050119	钢丝绳 ϕ4.2～10	m			52.8000	132.0000
	01150103	热轧型钢 综合	kg	6.9540	10.3000		
	03130114	电焊条 J422 ϕ3.2	kg	8.5000	12.8000		
	03131901	焊锡	kg	0.2590	0.3870		
	03131941	焊锡膏 50g/瓶	kg	0.0280	0.0400		
	03230413	钢索拉紧装置	套			1.0000	1.0000
	13010101	调和漆	kg	2.6100	3.8640		
	14030101	汽油	kg	0.7600	1.0000		
	14390101	氧气	m^3	3.4760	5.1500		
	14390302	乙炔气	kg	1.4540	2.1540		
	18270701	支架	副	2.0000	2.0000		
	28010118	裸铜线 95mm^2	m	1.0460	1.5450		
	29090220	铜接线端子 DT-95	个	2.5000	2.5000		
	29252801	电缆吊挂	套			13.0000	30.0000
	29271901	集电器	个	1.0000	1.0000		
	X0045	其他材料费	%	0.5000	0.5000	0.5000	0.5000
机械	99090350	汽车式起重机 5t	台班		1.0000		
	99250010	交流弧焊机 21kV·A	台班	2.1250	3.2180		

工作内容:1. 配钢索、装拉紧装置、电缆敷设。
2，3. 安装。

定额编号				B-1-7-9	B-1-7-10	B-1-7-11
项目				移动软电缆 沿轨道 截面 120 以内	滑触线指示灯	滑触线支持器
名称			单位	100m	套	套
人工	00050101	综合人工 安装	工日	2.4750	0.1360	0.0360
材料	Z25610601	指示灯铁外壳	套		(1.0000)	
	Z28110102	护套电力电缆	m	(101.0000)		
	Z33014001	滑轮及托架	套	(33.0000)		
	01050119	钢丝绳 ϕ4.2～10	m	100.1000		
	01210113	等边角钢 20～30	kg			0.2460
	01290248	热轧钢板(薄板) δ2.5	kg		0.5000	
	03017212	半圆头镀锌螺栓连母垫 M6～12×22～80	10 套		0.6120	
	03019241	六角螺母 M6	10 个			0.2040
	03130114	电焊条 J422 ϕ3.2	kg		0.1000	
	04010614	普通硅酸盐水泥 P·O 32.5 级	kg			0.0620
	25010116	红色灯泡 220V 15W	个		3.0000	
	25510101	瓷灯头	个		3.0000	
	27111001	电车绝缘子 WX-01	个			1.0300
	29252801	电缆吊挂	套	33.0000		
	55310711	绕线电阻 300Ω 15W	只		3.0000	
	X0045	其他材料费	%	0.5000	2.3000	7.6800
机械	99190200	台式钻床 ϕ16	台班			0.0070
	99250010	交流弧焊机 21kV·A	台班		0.0200	

第二节　定 额 含 量

滑触线装置安装

工作内容：1，2. 安装、支架制作安装、支架刷油、连接伸缩器、拉紧装置。
3，4. 安装、支架制作安装、支架刷油、拉紧装置。

定　额　编　号			B-1-7-1	B-1-7-2	B-1-7-3	B-1-7-4
项　　目			滑触线安装			
			角钢型	扁钢型	圆钢型	轻轨型
			100m/单相	100m/单相	100m/单相	100m/单相
预算定额编号	预算定额名称	预算定额单位	数　　量			
03-4-7-43	滑触线安装 等边角钢 宽×厚 40×4	100m/单相	0.2000			
03-4-7-44	滑触线安装 等边角钢 宽×厚 50×5	100m/单相	0.2000			
03-4-7-45	滑触线安装 等边角钢 宽×厚 63×6	100m/单相	0.2000			
03-4-7-46	滑触线安装 等边角钢 宽×厚 75×8	100m/单相	0.4000			
03-4-7-47	滑触线安装 扁钢 宽×厚 40×4	100m/单相		0.2000		
03-4-7-48	滑触线安装 扁钢 宽×厚 50×5	100m/单相		0.2000		
03-4-7-49	滑触线安装 扁钢 宽×厚 60×6	100m/单相		0.6000		
03-4-7-50	滑触线安装 圆钢及轻轨 圆钢 φ8	100m/单相			0.2000	
03-4-7-51	滑触线安装 圆钢及轻轨 圆钢 φ12	100m/单相			0.8000	
03-4-7-52	滑触线安装 圆钢及轻轨 轻轨 8#	100m/单相				0.1000
03-4-7-53	滑触线安装 圆钢及轻轨 轻轨 10#	100m/单相				0.1000
03-4-7-54	滑触线安装 圆钢及轻轨 轻轨 12#	100m/单相				0.2000
03-4-7-55	滑触线安装 圆钢及轻轨 轻轨 14#	100m/单相				0.2000
03-4-7-56	滑触线安装 圆钢及轻轨 轻轨 16#	100m/单相				0.4000
03-4-13-5	一般铁构件 制作每件重 1kg 以内	100kg	0.2215	0.1589	0.0293	
03-4-13-9	一般铁构件 安装每件重 1kg 以内	100kg	0.2215	0.1589	0.0293	

工作内容:1，2. 导电器和滑触线安装、支架制作安装、支架刷油。
3，4. 配钢索、装拉紧装置、电缆敷设。

定额编号			B-1-7-5	B-1-7-6	B-1-7-7	B-1-7-8
项目			滑触线安装		移动软电缆	
			安全型		沿钢索	
			315A 以内	1250A 以内	30m 以内	60m 以内
			100m/单相	100m/单相	根	根
预算定额编号	预算定额名称	预算定额单位	数量			
03-4-7-57	滑触线安装 安全型滑触线 单相电流 63A 以内	100m/单相	0.2000			
03-4-7-58	滑触线安装 安全型滑触线 单相电流 100A 以内	100m/单相	0.2000			
03-4-7-59	滑触线安装 安全型滑触线 单相电流 200A 以内	100m/单相	0.3000			
03-4-7-60	滑触线安装 安全型滑触线 单相电流 315A 以内	100m/单相	0.3000			
03-4-7-61	滑触线安装 安全型滑触线 单相电流 500A 以内	100m/单相		0.3000		
03-4-7-62	滑触线安装 安全型滑触线 单相电流 800A 以内	100m/单相		0.3000		
03-4-7-63	滑触线安装 安全型滑触线 单相电流 1250A 以内	100m/单相		0.4000		
03-4-7-64	移动软电缆安装 沿钢索 10m 以内	根			0.2000	
03-4-7-65	移动软电缆安装 沿钢索 20m 以内	根			0.2000	
03-4-7-66	移动软电缆安装 沿钢索 30m 以内	根			0.6000	
03-4-7-67	移动软电缆安装 沿钢索 60m 以内	根				1.0000

工作内容:1. 配钢索、装拉紧装置、电缆敷设。
2，3. 安装。

定额编号			B-1-7-9	B-1-7-10	B-1-7-11
项目			移动软电缆	滑触线指示灯	滑触线支持器
			沿轨道		
			截面 120 以内		
			100m	套	套
预算定额编号	预算定额名称	预算定额单位	数量		
03-4-7-68	移动软电缆安装 沿轨道 16 以内	100m	0.1000		
03-4-7-69	移动软电缆安装 沿轨道 35 以内	100m	0.2000		
03-4-7-70	移动软电缆安装 沿轨道 70 以内	100m	0.2000		
03-4-7-71	移动软电缆安装 沿轨道 120 以内	100m	0.5000		
03-4-7-77	滑触线支架、指示灯安装 指示灯铁壳	套		1.0000	
03-4-7-81	挂式滑触线支持器制作安装	10 副(套)			0.1000

第八章　电 缆 敷 设

说 明

一、本章包括电缆沟挖填土、铺砂、盖板,混凝土管电缆保护管、塑料管电缆保护管、钢管电缆保护管、钢管电缆保护管顶管敷设,直埋式电缆敷设,沟(隧)内电缆敷设,室内电缆敷设,预制分支电缆敷设,控制电缆敷设,防火封堵。

二、电缆沟挖填土、铺砂、盖板定额包括挖填土、铺砂、盖保护板、揭盖盖板。

三、电缆保护管定额已综合挖填土;当2根以上电缆保护管平行敷设时,其人工乘以系数0.65。

四、电缆敷设定额中已综合电缆终端头和中间接头。

五、预分支电缆敷设定额中已综合电缆终端头和电缆支架。

工程量计算规则

一、电缆沟挖填土、铺砂、盖板区分沟内电缆根数,按设计图示尺寸以长度计算,以“m”为计量单位。

二、电缆保护管区分管材,按设计图示尺寸以长度(含附加长度)计算,以“m”为计量单位。

三、电缆敷设区分敷设方式和电缆截面,按设计图示尺寸以长度(含预留长度及附加长度)计算,以“m”为计量单位。

四、预制分支电缆敷设区分主电缆截面,按设计图示尺寸以长度(含预留长度及附加长度)计算,以“m”为计量单位。

五、控制电缆敷设区分电缆芯数,按设计图示尺寸以长度(含预留长度及附加长度)计算,以“m”为计量单位。

六、直埋电缆的挖、填土方,按表8-1计算。

表8-1 直埋电缆土方量

项目	电缆根数	
	1～2	每增1根
每米沟长挖方量(m^3/m)	0.45	0.153

(一) 2根以内的电缆沟,系按上口宽度600mm,下口宽度400mm,深度900mm计算的常规土方量。

(二) 每增加1根电缆,其宽度增加170mm。

(三) 以上土方量系按埋深从自然地坪起算;如设计埋深超过900mm时,多挖的土方量可另行计算。

七、电缆沟盖板揭、盖定额,按每揭或每盖1次以延长米计算;如又揭又盖,则按2次计算。

八、电缆保护管长度,除按设计规定长度计算外,遇有下列情况,应按以下规定增加保护管长度:

(一) 横穿道路,按路基宽度两端各加1m。

(二) 垂直敷设时,管口距地面加2m。

(三) 穿过建筑物外墙者,按基础外缘以外加1m。

(四) 穿过排水沟,按沟壁外缘以外加0.5m。

九、计算电缆长度应根据敷设路径的水平和垂直敷设长度,并应考虑因波形敷设、弛度、电缆绕梁(柱)所增加的长度以及电缆与设备连接电缆接头等必要的预留长度。预留长度有设计规定时,按照设计规定计算;设计无规定时,按表 8-2 规定增加电缆敷设预留及附加长度。

表 8-2　电缆敷设预留及附加长度

序号	项　目	预留长度(附加)	说明
1	电缆敷设驰度、波形弯度、交叉	2.5%	按电缆全长计算
2	电缆进入建筑物	2.0m	规范规定最小值
3	电缆进入沟内或吊架时引上(下)预留	1.5m	规范规定最小值
4	变电所进线、出线	1.5m	规范规定最小值
5	电力电缆终端头	1.5m	检查余量最小值
6	电缆中间接头盒	两端各留 2.0m	检查余量最小值
7	电缆进控制、保护屏及模拟盘等	高+宽	按盘面尺寸
8	高压开关柜及低压配电盘、箱	2.0m	盘下进出线
9	电缆至电动机	0.5m	从电机接线盒计算
10	厂用变压器	3.0m	从地坪起算
11	电缆绕过梁柱等增加长度	按实计算	按被绕物的断面情况计算增加长度
12	电梯电缆与电缆架固定点	每处 0.5m	规范最小值

十、防火封堵按图示尺寸以体积计算,以“m^3”为计量单位。

十一、电缆密封填料区分穿墙体、楼板的根数,按图示尺寸计算封堵净体积量,以“m^3”为计量单位。

第一节　定 额 消 耗 量

一、直埋电缆辅助设施

工作内容： 1，2. 挖电缆沟，回填土，铺砂，盖保护板。
3，4. 铺管，挖填土。

定额编号				B-1-8-1	B-1-8-2	B-1-8-3	B-1-8-4
项目				电缆沟挖填土、铺砂、盖板		电缆保护管	
						埋地敷设	
				电缆2根以内	每增1根电缆	混凝土管	塑料管
名称			单位	100m	100m	10m	10m
人工	00050101	综合人工 安装	工日	24.1650	8.0127	4.0414	3.4618
材料	Z17290105	混凝土管(电缆保护管)	m			(10.3000)	
	Z29060501	硬塑料管(电缆保护管)	m				(10.6000)
	Z29070631	电缆套接管	m				(0.3300)
	03131711	聚氯乙烯焊条 $\phi2.5$	kg				0.5520
	03152510	镀锌铁丝 10#～12#	kg			1.0000	0.3400
	04030123	黄砂 中粗	m^3	9.7200	3.6400		
	04271213	混凝土保护板 900×250×30	百块	1.2500	1.1100		
	04271501	混凝土标桩	个	3.0200			
	14411801	胶粘剂	kg				0.1380
	80060121	干混砌筑砂浆 DM M5.0	kg			67.3400	
	X0045	其他材料费	%			1.7900	1.7600
机械	99070530	载重汽车 5t	台班	0.1350	0.0459	0.0205	0.0205

工作内容:1. 铺管,挖填土。
2. 铺管,挖工作坑。

定额编号				B-1-8-5	B-1-8-6
项目				电缆保护管	
				埋地敷设	顶管敷设
				钢管	
名称			单位	10m	10m
人工	00050101	综合人工 安装	工日	3.9487	10.4985
材料	Z29060281	钢管(电缆保护管)	m		(10.2500)
	Z29060291	焊接钢管(电缆保护管)	m	(10.3000)	
	01090110	圆钢 ϕ5.5～9	kg	0.1140	
	01290315	热轧钢板(中厚板) δ4.5～10	kg	0.4300	3.7297
	03110215	尼龙砂轮片 ϕ400	片	0.0110	
	03130114	电焊条 J422 ϕ3.2	kg	0.4480	0.0350
	03152510	镀锌铁丝 10#～12#	kg	0.7700	
	03152513	镀锌铁丝 14#～16#	kg	0.0210	
	05031821	沥青枕木	m^3		0.1275
	13050511	醇酸防锈漆 C53-1	kg	0.1130	
	13053111	沥青清漆	kg	1.2280	3.7682
	14050111	溶剂油 200#	kg	0.0280	
	14390101	氧气	m^3	0.9070	0.0300
	14390302	乙炔气	kg	0.3610	0.8510
	17070260	无缝钢管 ϕ159×6	kg		2.3122
	17070270	无缝钢管 ϕ219×6	kg		4.2602
	29062821	管卡子(钢管用) DN150	个	1.2240	
	29062822	管卡子(钢管用) DN200	个	1.6320	
	34110101	水	m^3		40.2454
	X0045	其他材料费	%	1.3800	2.0100
机械	99070530	载重汽车 5t	台班	0.0205	2.2534
	99091320	立式油压千斤顶 100t	台班		4.2842
	99091520	电动卷扬机 双筒慢速 30kN	台班		2.1420
	99250010	交流弧焊机 21kV·A	台班	0.2400	0.1200
	99440010	电动单级离心清水泵 ϕ50	台班		1.8720
	99440200	污水泵 ϕ70	台班		2.8747
	99440380	高压油泵 50MPa	台班		2.1420

二、电 缆 敷 设

工作内容：电缆敷设，电缆终端头和中间接头安装，绝缘电阻测试。

定　额　编　号				B-1-8-7	B-1-8-8	B-1-8-9	B-1-8-10
项　　目				直埋式电缆敷设			
				截面积(mm^2 以内)			
				50	120	240	400
名　　称			单位	100m	100m	100m	100m
人工	00050101	综合人工 安装	工日	9.6994	9.6346	12.8661	14.8123
材料	Z28110103	电力电缆	m	(101.0000)	(101.0000)	(101.0000)	(101.0000)
	29071611	塑料雨罩 ST	个	15.1065	6.1965	6.1965	4.9410
	29251151	电缆中间接头盒	套	0.6222	0.6222	0.6222	0.6222
	34070411	塑料手套 ST 型	只	3.9165	1.6065	1.6065	1.281
	01050113	钢丝绳 ϕ14.1～15	kg	0.8000	1.3500	1.8000	1.9700
	01410102	黄铜丝	kg	0.1000	0.1000	0.1000	0.1000
	02130209	聚氯乙烯带(PVC) 宽度 20×40m	卷	0.9052	1.0292	1.2412	1.3808
	02191012	热缩端帽 不带气门	个	0.7000	0.7000	0.7000	0.7000
	03131901	焊锡	kg	0.0305	0.0610	0.1220	0.1525
	03131941	焊锡膏 50g/瓶	kg	0.0061	0.0122	0.0244	0.0305
	03152501	镀锌铁丝	kg	0.2000	0.2700	0.3000	0.3000
	04092301	石英粉	kg	0.3050	0.4880	0.7320	0.9760
	14030101	汽油	kg	1.7240	1.2105	1.3170	1.3760
	14090611	电力复合酯 一级	kg	0.0183	0.0305	0.0488	0.0610
	14092401	油脂	kg	0.6000	1.1500	1.8000	2.1400
	14210112	环氧树脂 6101#	kg	0.2440	0.4270	0.6100	0.9150
	14210806	聚酰胺树脂 650、651	kg	0.0976	0.1708	0.2440	0.3660
	14332501	硬脂酸	kg	0.1000	0.1000	0.1000	0.1000
	14414101	沥青绝缘胶 J-130	kg	2.4400	3.6600	4.8800	6.1000
	27170513	自粘性橡胶绝缘胶带 20×5m	卷	0.3050	0.7320	1.2505	1.8910
	27170515	自粘性橡胶绝缘胶带 20×20m	卷	0.7000	1.7000	2.0000	2.0000
	27170611	相色带 20×20m	卷	0.0610	0.0976	0.1220	0.1830
	28010113	裸铜线 $10mm^2$	m	0.9150			
	28010114	裸铜线 $16mm^2$	m		0.9760	1.0370	
	28010115	裸铜线 $25mm^2$	m				1.0980
	29090217	铜接线端子 DT-35	个	15.1438			
	29090220	铜接线端子 DT-95	个		6.2118		
	29090223	铜接线端子 DT-185	个			6.2118	
	29090226	铜接线端子 DT-400	个				4.9532
	29091413	铜压接连接管 $25mm^2$	个	2.4522			
	29091416	铜压接连接管 $95mm^2$	个		2.4522		
	29091418	铜压接连接管 $185mm^2$	个			2.4522	
	29091421	铜压接连接管 $400mm^2$	个				2.4522
	34130112	塑料扁形标志牌	个	6.0000	6.0000	6.0000	6.0000
	X0045	其他材料费	%	3.3200	3.1000	3.5100	3.3700
机械	99070530	载重汽车 5t	台班	0.0700	0.1190	0.1400	0.1400
	99070550	载重汽车 8t	台班		0.0980	0.1400	0.1820
	99071440	电缆输送机 JSD-1	台班			0.2000	0.3890
	99090390	汽车式起重机 12t	台班	0.0700	0.0700	0.1400	0.1400
	99350170	电动油泵压接钳 DB-3	台班			0.3209	0.5124
	99350180	手动液压压接钳 YQ-150P×14	台班	0.3221	0.2384		

工作内容:电缆敷设,电缆终端头和中间接头安装,绝缘电阻测试。

定额编号				B-1-8-11	B-1-8-12	B-1-8-13	B-1-8-14
项目				沟(隧)内电缆敷设			
				截面积(mm² 以内)			
				50	120	240	400
名称			单位	100m	100m	100m	100m
人工	00050101	综合人工 安装	工日	9.4294	9.1936	12.0561	14.2813
材料	Z28110103	电力电缆	m	(101.0000)	(101.0000)	(101.0000)	(101.0000)
	29071611	塑料雨罩 ST	个	15.1065	6.1965	6.1965	4.941
	29251151	电缆中间接头盒	套	0.6222	0.6222	0.6222	0.6222
	34070411	塑料手套 ST 型	只	3.9165	1.6065	1.6065	1.281
	01050113	钢丝绳 ϕ14.1～15	kg	0.8000	1.3500	1.8000	1.9700
	01410102	黄铜丝	kg	0.1000	0.1000	0.1000	0.1000
	02130209	聚氯乙烯带(PVC) 宽度 20×40m	卷	0.9052	1.0292	1.2412	1.3808
	02191012	热缩端帽 不带气门	个	0.7000	0.7000	0.7000	0.7000
	03131901	焊锡	kg	0.0305	0.0610	0.1220	0.1525
	03131941	焊锡膏 50g/瓶	kg	0.0061	0.0122	0.0244	0.0305
	03152501	镀锌铁丝	kg	0.2000	0.2700	0.3000	0.3000
	04092301	石英粉	kg	0.3050	0.4880	0.7320	0.9760
	14030101	汽油	kg	1.7240	1.2105	1.3170	1.3760
	14090611	电力复合酯 一级	kg	0.0183	0.0305	0.0488	0.0610
	14210112	环氧树脂 6101#	kg	0.2440	0.4270	0.6100	0.9150
	14210806	聚酰胺树脂 650、651	kg	0.0976	0.1708	0.2440	0.3660
	14332501	硬脂酸	kg	0.1000	0.1000	0.1000	0.1000
	14414101	沥青绝缘胶 J-130	kg	2.4400	3.6600	4.8800	6.1000
	27170513	自粘性橡胶绝缘胶带 20×5m	卷	0.3050	0.7320	1.2505	1.8910
	27170515	自粘性橡胶绝缘胶带 20×20m	卷	0.7000	1.7000	2.0000	2.0000
	27170611	相色带 20×20m	卷	0.0610	0.0976	0.1220	0.1830
	28010113	裸铜线 10mm²	m	0.9150			
	28010114	裸铜线 16mm²	m		0.9760	1.0370	
	28010115	裸铜线 25mm²	m				1.0980
	29090217	铜接线端子 DT-35	个	15.1438			
	29090220	铜接线端子 DT-95	个		6.2118		
	29090223	铜接线端子 DT-185	个			6.2118	
	29090226	铜接线端子 DT-400	个				4.9532
	29091413	铜压接连接管 25mm²	个	2.4522			
	29091416	铜压接连接管 95mm²	个		2.4522		
	29091418	铜压接连接管 185mm²	个			2.4522	
	29091421	铜压接连接管 400mm²	个				2.4522
	34130112	塑料扁形标志牌	个	6.0000	6.0000	6.0000	6.0000
	X0045	其他材料费	%	3.4500	3.2200	3.6800	3.5400
机械	99070530	载重汽车 5t	台班	0.0700	0.1190	0.1400	0.1400
	99070550	载重汽车 8t	台班		0.0980	0.1400	0.1820
	99071440	电缆输送机 JSD-1	台班			0.2700	0.3890
	99090390	汽车式起重机 12t	台班	0.0700	0.0700	0.1400	0.1400
	99350170	电动油泵压接钳 DB-3	台班			0.3209	0.5124
	99350180	手动液压压接钳 YQ-150P×14	台班	0.3221	0.2384		

工作内容：电缆敷设，电缆终端头和中间接头安装，绝缘电阻测试。

定额编号				B-1-8-15	B-1-8-16	B-1-8-17	B-1-8-18
项目				室内电缆敷设			
				截面积(mm² 以内)			
				35	120	240	400
名称			单位	100m	100m	100m	100m
人工	00050101	综合人工 安装	工日	5.5699	10.9498	15.7276	21.2339
材料	Z28110101	电缆	m	(101.0000)	(101.0000)	(101.0000)	(101.0000)
	29251151	电缆中间接头盒	套	0.6222	0.6222	0.6222	0.6222
	34070411	塑料手套 ST 型	只	3.9165	3.9165	3.9165	3.9165
	02130209	聚氯乙烯带(PVC) 宽度 20×40m	卷	0.1979	0.3471	0.4923	0.0839
	02130345	聚四氟乙烯带(生料带) 宽度 60	kg				0.6100
	02311411	双面半导体布带 20×5	m				15.2500
	03018173	膨胀螺栓(钢制) M10	套		13.9000	14.0000	14.0000
	03018807	塑料膨胀管(尼龙胀管) M6～8	个	234.0000			
	03131901	焊锡	kg	0.0305	0.0610	0.1220	0.1525
	03131941	焊锡膏 50g/瓶	kg	0.0061	0.0122	0.0244	0.0305
	03152513	镀锌铁丝 14#～16#	kg	0.2865	0.4220	0.4770	0.5760
	03210203	硬质合金冲击钻头 ϕ6～8	根	1.3170			
	03210209	硬质合金冲击钻头 ϕ10～12	根		0.0901	0.0927	0.0927
	04092301	石英粉	kg	0.3050	0.4880	0.7320	1.1590
	14030101	汽油	kg	1.6478	1.8716	2.0954	2.6580
	14090601	电力复合酯	kg	0.1343	0.2238	0.3581	0.3954
	14090611	电力复合酯 一级	kg	0.0183	0.0305	0.0488	0.0610
	14210112	环氧树脂 6101#	kg	0.2440	0.4270	0.6100	1.0980
	14210806	聚酰胺树脂 650、651	kg	0.0976	0.1708	0.2440	0.4880
	14414101	沥青绝缘胶 J-130	kg	2.4400	3.6600	4.8800	7.3200
	27170416	电气绝缘胶带(PVC) 18×20m	卷	0.5595	0.7460	0.9325	1.1190
	27170513	自粘性橡胶绝缘胶带 20×5m	卷	0.3050	0.7320	1.2505	15.2500
	27170611	相色带 20×20m	卷	0.0610	0.0976	0.1220	0.1830
	28010113	裸铜线 10mm²	m	6.1370			
	28010114	裸铜线 16mm²	m		6.1980	7.0050	
	28010115	裸铜线 25mm²	m				7.0050
	29090214	铜接线端子 DT-10	个	3.7860			
	29090215	铜接线端子 DT-16	个		3.7860	3.7860	
	29090216	铜接线端子 DT-25	个				3.7860
	29090217	铜接线端子 DT-35	个	14.0248			
	29090220	铜接线端子 DT-95	个		14.0248		
	29090223	铜接线端子 DT-185	个			14.0248	
	29090226	铜接线端子 DT-400	个				14.0248
	29091413	铜压接连接管 25mm²	个	2.4522			
	29091416	铜压接连接管 95mm²	个		2.4522		
	29091418	铜压接连接管 185mm²	个			2.4522	
	29091421	铜压接连接管 400mm²	个				1.8422
	29252681	镀锌电缆固定卡子 2×35	个	30.7638	10.2000		
	29252687	镀锌电缆固定卡子 3×50	个		19.9208		
	29252689	镀锌电缆固定卡子 3×100	个			29.0838	33.3638
	29252801	电缆吊挂	套	6.2100	6.6100	6.2100	7.4500
	34130112	塑料扁形标志牌	个	6.0000	6.0000	6.0000	7.2000
	29070701	热缩式电缆中间头	套	0.6222	0.6222	0.6222	0.6222
	34070411	塑料手套 ST 型	只	3.9165	3.9165	3.9165	3.9165
	X0045	其他材料费	%	3.6500	4.2000	4.1000	4.2000
机械	99070530	载重汽车 5t	台班	0.0050	0.0660	0.1210	0.3515
	99090360	汽车式起重机 8t	台班	0.0050	0.0660		
	99090380	汽车式起重机 10t	台班			0.1210	0.3515
	99350170	电动油泵压接钳 DB-3	台班			0.6069	1.2368
	99350180	手动液压压接钳 YQ-150P×14	台班	0.3221	0.4584		

工作内容:电缆敷设,电缆终端头和中间接头安装,绝缘电阻测试。

定　额　编　号				B-1-8-19
项　　目				室内电缆敷设
				截面积(mm² 以内)
				600
名　　称			单位	100m
人工	00050101	综合人工 安装	工日	27.2264
材料	Z28110101	电缆	m	(101.0000)
	29251151	电缆中间接头盒	套	0.6222
	34070411	塑料手套 ST 型	只	3.9165
	02130209	聚氯乙烯带(PVC) 宽度 20×40m	卷	0.0932
	02130345	聚四氟乙烯带(生料带) 宽度 60	kg	0.6100
	02311411	双面半导体布带 20×5	m	15.2500
	03018173	膨胀螺栓(钢制) M10	套	14.0000
	03131901	焊锡	kg	0.1525
	03131941	焊锡膏 50g/瓶	kg	0.0305
	03152513	镀锌铁丝 14#～16#	kg	0.7430
	03210209	硬质合金冲击钻头 ϕ10～12	根	0.0927
	04092301	石英粉	kg	1.1590
	14030101	汽油	kg	2.8072
	14090601	电力复合酯	kg	0.4551
	14090611	电力复合酯 一级	kg	0.0610
	14210112	环氧树脂 6101#	kg	1.0980
	14210806	聚酰胺树脂 650、651	kg	0.4880
	14414101	沥青绝缘胶 J-130	kg	7.3200
	27170416	电气绝缘胶带(PVC) 18×20m	卷	1.4920
	27170513	自粘性橡胶绝缘胶带 20×5m	卷	15.2500
	27170611	相色带 20×20m	卷	0.1830
	28010115	裸铜线 25mm²	m	7.0050
	29090216	铜接线端子 DT-25	个	3.7860
	29090227	铜接线端子 DT-600	个	14.0248
	29091421	铜压接连接管 400mm²	个	1.8422
	29252689	镀锌电缆固定卡子 3×100	个	36.7878
	29252801	电缆吊挂	套	8.4420
	34130112	塑料扇形标志牌	个	6.0000
	X0045	其他材料费	%	4.2400
机械	99070530	载重汽车 5t	台班	0.9070
	99090380	汽车式起重机 10t	台班	0.9070
	99350170	电动油泵压接钳 DB-3	台班	1.4233

三、预制分支电缆敷设

工作内容：电缆敷设，电缆终端头安装，支架制作安装及刷油，绝缘电阻测试。

定额编号				B-1-8-20	B-1-8-21	B-1-8-22	B-1-8-23
项目				预制分支电缆敷设			
				主电缆截面积 50mm² 以下	主电缆截面积 120mm² 以下	主电缆截面积 240mm² 以下	主电缆截面积 400mm² 以下
名称			单位	100m	100m	100m	100m
人工	00050101	综合人工 安装	工日	38.4072	63.8926	91.4210	115.0766
材料	Z28110101	电缆	m	(100.0000)	(100.0000)	(100.0000)	(100.0000)
	34070411	塑料手套 ST 型	只	37.2645	37.2645	37.2645	37.2645
	01150103	热轧型钢 综合	kg	17.6505	19.6350	21.9450	24.4650
	02010471	耐油橡胶板 δ2	m²	0.3000	0.3000	0.3000	0.3000
	02130209	聚氯乙烯带(PVC) 宽度 20×40m	卷	0.1420	0.4010	0.6211	0.7098
	03014292	镀锌六角螺栓连母垫 M10×70	10 套	1.0590	1.1781	1.3167	1.4679
	03018173	膨胀螺栓(钢制) M10	套	66.0000	66.0000	66.0000	66.0000
	03110215	尼龙砂轮片 φ400	片	0.0925	0.1028	0.1149	0.1281
	03130114	电焊条 J422 φ3.2	kg	0.4707	0.5236	0.5852	0.6524
	03152513	镀锌铁丝 14#～16#	kg	3.0000	3.2400	3.5600	4.5440
	03210209	硬质合金冲击钻头 φ10～12	根	0.5300	0.5300	0.5300	0.5318
	13010101	调和漆	kg	0.2690	0.2992	0.3344	0.3728
	13011011	清油 C01-1	kg	0.1009	0.1122	0.1254	0.1398
	13050511	醇酸防锈漆 C53-1	kg	0.3480	0.3871	0.4326	0.4823
	14030101	汽油	kg	17.6964	16.8458	18.0352	19.2450
	14030401	柴油	kg	1.7000	10.3880	31.8600	67.0400
	14050111	溶剂油 200#	kg	0.0908	0.1010	0.1129	0.1258
	14050201	松香水	kg	0.0840	0.0935	0.1045	0.1165
	14090601	电力复合酯	kg	1.2776	2.1294	3.4070	3.7619
	27170416	电气绝缘胶带(PVC) 18×20m	卷	5.3235	7.0980	8.8725	10.6470
	28010113	裸铜线 10mm²	m	49.6860			
	28010114	裸铜线 16mm²	m		49.6860	56.7840	
	28010115	裸铜线 25mm²	m				56.7840
	29090214	铜接线端子 DT-10	个	36.0224			
	29090215	铜接线端子 DT-16	个		36.0224	36.0224	
	29090216	铜接线端子 DT-25	个				36.0224
	29090217	铜接线端子 DT-35	个	133.4424			
	29090220	铜接线端子 DT-95	个		133.4424		
	29090223	铜接线端子 DT-185	个			133.4424	
	29090225	铜接线端子 DT-300	个				133.4424
	29252681	镀锌电缆固定卡子 2×35	个	176.1094	20.6000		
	29252687	镀锌电缆固定卡子 3×50	个		155.5094		
	29252689	镀锌电缆固定卡子 3×100	个			176.1094	139.5547
	34130112	塑料扁形标志牌	个	6.0000	6.0000	6.0000	7.2240
	X0045	其他材料费	%	4.9000	4.9100	4.9300	4.9000
机械	99070530	载重汽车 5t	台班	0.0700	0.0140		
	99070560	载重汽车 10t	台班		0.1360	0.2000	0.4700
	99090360	汽车式起重机 8t	台班	0.0700	0.0700		
	99090380	汽车式起重机 10t	台班			0.1260	0.2840
	99230170	砂轮切割机 φ400	台班	0.0336	0.0374	0.0418	0.0466
	99250010	交流弧焊机 21kV·A	台班	0.2320	0.2581	0.2884	0.3215
	99350170	电动油泵压接钳 DB-3	台班			4.6137	6.3882
	99350180	手动液压压接钳 YQ-150P×14	台班	2.4843	3.5490		

四、控制电缆敷设

工作内容：电缆敷设，电缆终端头安装。

定额编号				B-1-8-24	B-1-8-25	B-1-8-26
项目				控制电缆敷设		
				芯数 14 芯以下	芯数 37 芯以下	芯数 37 芯以上
名称			单位	100m	100m	100m
人工	00050101	综合人工 安装	工日	4.1014	5.3720	9.5053
材料	Z28271101	控制电缆	m	(101.5000)	(101.5000)	(101.5000)
	29060941	塑料套管 KT2 型	只	3.2025	3.2025	3.2025
	02130209	聚氯乙烯带(PVC) 宽度 20×40m	卷	0.0488	0.0610	0.1220
	03018807	塑料膨胀管(尼龙胀管) M6～8	个	240.0000	240.0000	240.0000
	03152513	镀锌铁丝 14# ～16#	kg	0.2700	0.3410	0.4000
	03210203	硬质合金冲击钻头 ϕ6～8	根	1.3300	1.3300	1.3300
	14030101	汽油	kg	0.5800	0.8700	1.0000
	27170513	自粘性橡胶绝缘胶带 20×5m	卷	1.2200	1.8300	2.7450
	28010113	裸铜线 10mm^2	m	3.0500	3.0500	
	28010114	裸铜线 16mm^2	m			3.0500
	29090214	铜接线端子 DT-10	个	3.0957	3.0957	
	29090215	铜接线端子 DT-16	个			3.0957
	29252681	镀锌电缆固定卡子 2×35	个	26.5415	26.5415	26.5415
	34130112	塑料扁形标志牌	个	6.0000	6.0000	6.0000
	X0045	其他材料费	%	3.9600	4.9100	5.6500
机械	99070530	载重汽车 5t	台班	0.0070	0.0170	0.0500
	99090360	汽车式起重机 8t	台班	0.0070	0.0170	0.0500

五、防 火 封 堵

工作内容：防火堵料、防火板安装。

定 额 编 号				B-1-8-27	B-1-8-28	B-1-8-29
项 目				防火封堵	电缆密封填料	
					10 根以下	20 根以下
名 称			单位	m^3	m^3	m^3
人工	00050101	综合人工 安装	工日	17.8060	20.8950	15.6122
材料	Z09110101	防火板	m^2	(4.8760)	(4.8760)	(4.8760)
	Z14372301	电缆密封填料	m^3		(1.0500)	(1.0500)
	Z23170101	防火堵料	m^3	(1.0500)		
	01210115	等边角钢 45～50	kg	2.3000	2.3000	2.3000
	03014651	精制六角螺栓连母垫 M6×25～75	10 套	3.6800	3.6800	3.6800
	03018172	膨胀螺栓(钢制) M8	套	11.9600	11.9600	11.9600
	03110215	尼龙砂轮片 ϕ400	片	0.4600	0.4600	0.4600
	03150106	圆钉 L<70	kg	0.6300	1.6800	1.6800
	03210211	硬质合金冲击钻头 ϕ14～16	根	0.1380	0.1380	0.1380
	05030102	一般木成材	m^3	0.0900		
	10010312	轻钢竖龙骨 QC75	m	28.7500	28.7500	28.7500
	15590201	耐火隔板	m^2		7.9000	7.9000
	34110101	水	m^3	0.8000	0.8000	0.8000
	X0045	其他材料费	%	4.0000	4.0000	4.0000
机械	99210010	木工圆锯机 ϕ500	台班	0.1000		
	99230170	砂轮切割机 ϕ400	台班	0.0460	0.0460	0.0460

第二节　定 额 含 量

一、直埋电缆辅助设施

工作内容：1，2. 挖电缆沟，回填土，铺砂，盖保护板。
3，4. 铺管，挖填土。

定额编号			B-1-8-1	B-1-8-2	B-1-8-3	B-1-8-4
项目			电缆沟挖填土、铺砂、盖板		电缆保护管	
					埋地敷设	
			电缆2根以内	每增1根电缆	混凝土管	塑料管
			100m	100m	10m	10m
预算定额编号	预算定额名称	预算定额单位	数量			
03-4-8-14	电缆沟铺砂、盖保护板 1～2根	100m	1.0000			
03-4-8-15	电缆沟铺砂、盖保护板 每增1根	100m		1.0000		
03-4-8-19	混凝土管 管径100mm以下	10m			0.4000	
03-4-8-20	混凝土管 管径200mm以下	10m			0.6000	
03-4-8-21	电缆保护管敷设 塑料管 管径100mm以下	10m				0.4000
03-4-8-22	电缆保护管敷设 塑料管 管径200mm以下	10m				0.6000
03-4-8-10	挖填沟槽土方 普通土	$10m^3$	1.3500	0.4590	0.2052	0.2052
03-4-8-11	挖填沟槽土方 坚土	$10m^3$	3.1500	1.0710	0.4788	0.4788

工作内容：1. 铺管，挖填土。
2. 铺管，挖工作坑。

定额编号			B-1-8-5	B-1-8-6
项目			电缆保护管	
			埋地敷设	顶管敷设
			钢管	
			10m	10m
预算定额编号	预算定额名称	预算定额单位	数量	
03-4-8-23	电缆保护管敷设 钢管 管径50mm以下	10m	0.1000	
03-4-8-24	电缆保护管敷设 钢管 管径100mm以下	10m	0.2000	
03-4-8-25	电缆保护管敷设 钢管 管径150mm以下	10m	0.3000	
03-4-8-26	电缆保护管敷设 钢管 管径200mm以下	10m	0.4000	
03-4-8-27	电缆保护管 顶管敷设 钢管管径150mm以下 顶管距离≤10m	10m		0.2000
03-4-8-28	电缆保护管 顶管敷设 钢管管径150mm以下 顶管距离>10m	10m		0.3000
03-4-8-29	电缆保护管 顶管敷设 钢管管径300mm以下 顶管距离≤10m	10m		0.2000
03-4-8-30	电缆保护管 顶管敷设 钢管管径300mm以下 顶管距离>10m	10m		0.3000
03-4-8-10	挖填沟槽土方 普通土	$10m^3$	0.2052	0.0900
03-4-8-11	挖填沟槽土方 坚土	$10m^3$	0.4788	0.2100

二、电 缆 敷 设

工作内容:电缆敷设,电缆终端头和中间接头安装,绝缘电阻测试。

定额编号			B-1-8-7	B-1-8-8	B-1-8-9	B-1-8-10
项目			直埋式电缆敷设			
			截面积(mm² 以内)			
			50	120	240	400
			100m	100m	100m	100m
预算定额编号	预算定额名称	预算定额单位	数量			
03-4-8-31	直埋式电缆 截面面积 50mm² 以下	100m	1.0000			
03-4-8-32	直埋式电缆 截面面积 70mm² 以下	100m		0.3000		
03-4-8-33	直埋式电缆 截面面积 120mm² 以下	100m		0.7000		
03-4-8-34	直埋式电缆 截面面积 240mm² 以下	100m			1.0000	
03-4-8-35	直埋式电缆 截面面积 300mm² 以下	100m				0.3000
03-4-8-36	直埋式电缆 截面面积 400mm² 以下	100m				0.7000
03-4-8-145	户外铜芯电缆终端头 干包式 1kV 以下(截面积 35mm² 以下)	个	3.7300			
03-4-8-146	户外铜芯电缆终端头 干包式 1kV 以下(截面积 120mm² 以下)	个		1.5300		
03-4-8-147	户外铜芯电缆终端头 干包式 1kV 以下(截面积 240mm² 以下)	个			1.5300	
03-4-8-148	户外铜芯电缆终端头 干包式 1kV 以下(截面积 400mm² 以下)	个				1.2200
03-4-8-167	铜芯电缆中间头 1kV 以下(截面积 35mm² 以下)	个	0.6100			
03-4-8-168	铜芯电缆中间头 1kV 以下(截面积 120mm² 以下)	个		0.6100		
03-4-8-169	铜芯电缆中间头 1kV 以下(截面积 240mm² 以下)	个			0.6100	
03-4-8-170	铜芯电缆中间头 1kV 以下(截面积 400mm² 以下)	个				0.6100

工作内容: 电缆敷设,电缆终端头和中间接头安装,绝缘电阻测试。

定额编号			B-1-8-11	B-1-8-12	B-1-8-13	B-1-8-14
项目			沟(隧)内电缆敷设			
			截面积(mm^2 以内)			
			50	120	240	400
			100m	100m	100m	100m
预算定额编号	预算定额名称	预算定额单位	数量			
03-4-8-37	沟(隧)内电缆 截面面积 50mm^2 以下	100m	1.0000			
03-4-8-38	沟(隧)内电缆 截面面积 70mm^2 以下	100m		0.3000		
03-4-8-39	沟(隧)内电缆 截面面积 120mm^2 以下	100m		0.7000		
03-4-8-40	沟(隧)内电缆 截面面积 240mm^2 以下	100m			1.0000	
03-4-8-41	沟(隧)内电缆 截面面积 300mm^2 以下	100m				0.3000
03-4-8-42	沟(隧)内电缆 截面面积 400mm^2 以下	100m				0.7000
03-4-8-145	户外铜芯电缆终端头 干包式 1kV 以下(截面积 35mm^2 以下)	个	3.7300			
03-4-8-146	户外铜芯电缆终端头 干包式 1kV 以下(截面积 120mm^2 以下)	个		1.5300		
03-4-8-147	户外铜芯电缆终端头 干包式 1kV 以下(截面积 240mm^2 以下)	个			1.5300	
03-4-8-148	户外铜芯电缆终端头 干包式 1kV 以下(截面积 400mm^2 以下)	个				1.2200
03-4-8-167	铜芯电缆中间头 1kV 以下(截面积 35mm^2 以下)	个	0.6100			
03-4-8-168	铜芯电缆中间头 1kV 以下(截面积 120mm^2 以下)	个		0.6100		
03-4-8-169	铜芯电缆中间头 1kV 以下(截面积 240mm^2 以下)	个			0.6100	
03-4-8-170	铜芯电缆中间头 1kV 以下(截面积 400mm^2 以下)	个				0.6100

工作内容: 电缆敷设,电缆终端头和中间接头安装,绝缘电阻测试。

定额编号			B-1-8-15	B-1-8-16	B-1-8-17	B-1-8-18
项目			室内电缆敷设			
			截面积(mm² 以内)			
			35	120	240	400
			100m	100m	100m	100m
预算定额编号	预算定额名称	预算定额单位	数量			
03-4-8-43	室内电力电缆敷设 铜芯电力电缆 2 芯以下 截面积 10mm² 以下	100m	0.0500			
03-4-8-44	室内电力电缆敷设 铜芯电力电缆 2 芯以下 截面积 35mm² 以下	100m	0.0500			
03-4-8-52	室内电力电缆敷设 铜芯电力电缆 4 芯以下 截面积 10mm² 以下	100m	0.2000			
03-4-8-53	室内电力电缆敷设 铜芯电力电缆 4 芯以下 截面积 35mm² 以下	100m	0.3000			
03-4-8-61	室内电力电缆敷设 铜芯电力电缆 4 芯以上 截面积 10mm² 以下	100m	0.2000			
03-4-8-62	室内电力电缆敷设 铜芯电力电缆 4 芯以上 截面积 35mm² 以下	100m	0.2000			
03-4-8-45	室内电力电缆敷设 铜芯电力电缆 2 芯以下 截面积 70mm² 以下	100m		0.0500		
03-4-8-46	室内电力电缆敷设 铜芯电力电缆 2 芯以下 截面积 120mm² 以下	100m		0.0500		
03-4-8-54	室内电力电缆敷设 铜芯电力电缆 4 芯以下 截面积 70mm² 以下	100m		0.2000		
03-4-8-55	室内电力电缆敷设 铜芯电力电缆 4 芯以下 截面积 120mm² 以下	100m		0.3000		
03-4-8-63	室内电力电缆敷设 铜芯电力电缆 4 芯以上 截面积 70mm² 以下	100m		0.2000		
03-4-8-64	室内电力电缆敷设 铜芯电力电缆 4 芯以上 截面积 120mm² 以下	100m		0.2000		
03-4-8-47	室内电力电缆敷设 铜芯电力电缆 2 芯以下 截面积 240mm² 以下	100m			0.1000	
03-4-8-56	室内电力电缆敷设 铜芯电力电缆 4 芯以下 截面积 240mm² 以下	100m			0.5000	
03-4-8-65	室内电力电缆敷设 铜芯电力电缆 4 芯以上 截面积 240mm² 以下	100m			0.4000	
03-4-8-48	室内电力电缆敷设 铜芯电力电缆 2 芯以下 截面积 300mm² 以下	100m				0.0500
03-4-8-49	室内电力电缆敷设 铜芯电力电缆 2 芯以下 截面积 400mm² 以下	100m				0.0500
03-4-8-57	室内电力电缆敷设 铜芯电力电缆 4 芯以下 截面积 300mm² 以下	100m				0.2000
03-4-8-58	室内电力电缆敷设 铜芯电力电缆 4 芯以下 截面积 400mm² 以下	100m				0.3000

（续表）

定　额　编　号			B-1-8-15	B-1-8-16	B-1-8-17	B-1-8-18
项　目			室内电缆敷设			
			截面积（mm^2 以内）			
			35	120	240	400
			100m	100m	100m	100m
预算定额编号	预算定额名称	预算定额单位	数　量			
03-4-8-66	室内电力电缆敷设 铜芯电力电缆 4 芯以上 截面积 300mm^2 以下	100m				0.2000
03-4-8-67	室内电力电缆敷设 铜芯电力电缆 4 芯以上 截面积 400mm^2 以下	100m				0.2000
03-4-8-118	户内干包铜芯电缆终端头 1kV 以下 截面积 35mm^2 以下	个	3.7300			
03-4-8-119	户内干包铜芯电缆终端头 1kV 以下 截面积 120mm^2 以下	个		3.7300		
03-4-8-120	户内干包铜芯电缆终端头 1kV 以下 截面积 240mm^2 以下	个			3.7300	
03-4-8-122	户内干包铜芯电缆终端头 1kV 以下 截面积 400mm^2 以下	个				3.7300
03-4-8-167	铜芯电缆中间头 1kV 以下（截面积 35mm^2 以下）	个	0.6100			
03-4-8-168	铜芯电缆中间头 1kV 以下（截面积 120mm^2 以下）	个		0.6100		
03-4-8-169	铜芯电缆中间头 1kV 以下（截面积 240mm^2 以下）	个			0.6100	
03-4-8-175	铜芯电缆中间头 10kV 以下（截面积 400mm^2 以下）	个				0.6100

工作内容：电缆敷设，电缆终端头和中间接头安装，绝缘电阻测试。

定　额　编　号			B-1-8-19
项　目			室内电缆敷设
			截面积（mm^2 以内）
			600
			100m
预算定额编号	预算定额名称	预算定额单位	数　量
03-4-8-50	室内电力电缆敷设 铜芯电力电缆 2 芯以下 截面积 600mm^2 以下	100m	0.1000
03-4-8-59	室内电力电缆敷设 铜芯电力电缆 4 芯以下 截面积 600mm^2 以下	100m	0.5000
03-4-8-68	室内电力电缆敷设 铜芯电力电缆 4 芯以上 截面积 600mm^2 以下	100m	0.4000
03-4-8-123	户内干包铜芯电缆终端头 1kV 以下 截面积 600mm^2 以下	个	3.7300
03-4-8-175【系】	铜芯电缆中间头 10kV 以下（截面积 400mm^2 以下）	个	0.6100

三、预制分支电缆敷设

工作内容:电缆敷设,电缆终端头安装,支架制作安装及刷油,绝缘电阻测试。

定额编号			B-1-8-20	B-1-8-21	B-1-8-22	B-1-8-23
项目			预制分支电缆敷设			
			主电缆截面积 50mm² 以下	主电缆截面积 120mm² 以下	主电缆截面积 240mm² 以下	主电缆截面积 400mm² 以下
			100m	100m	100m	100m
预算定额编号	预算定额名称	预算定额单位	数量			
03-4-8-78	室内电力电缆敷设 预制分支电缆 主电缆截面积 35mm² 以下	100m	0.3000			
03-4-8-79	室内电力电缆敷设 预制分支电缆 主电缆截面积 50mm² 以下	100m	0.7000			
03-4-8-80	室内电力电缆敷设 预制分支电缆 主电缆截面积 70mm² 以下	100m		0.2000		
03-4-8-81	室内电力电缆敷设 预制分支电缆 主电缆截面积 95mm² 以下	100m		0.2000		
03-4-8-82	室内电力电缆敷设 预制分支电缆 主电缆截面积 120mm² 以下	100m		0.6000		
03-4-8-83	室内电力电缆敷设 预制分支电缆 主电缆截面积 150mm² 以下	100m			0.2000	
03-4-8-84	室内电力电缆敷设 预制分支电缆 主电缆截面积 185mm² 以下	100m			0.2000	
03-4-8-85	室内电力电缆敷设 预制分支电缆 主电缆截面积 240mm² 以下	100m			0.6000	
03-4-8-86	室内电力电缆敷设 预制分支电缆 主电缆截面积 300mm² 以下	100m				0.4000
03-4-8-87	室内电力电缆敷设 预制分支电缆 主电缆截面积 400mm² 以下	100m				0.6000
03-4-8-118	户内干包铜芯电缆终端头 1kV 以下 截面积 35mm² 以下	个	35.4900			
03-4-8-119	户内干包铜芯电缆终端头 1kV 以下 截面积 120mm² 以下	个		35.4900		
03-4-8-120	户内干包铜芯电缆终端头 1kV 以下 截面积 240mm² 以下	个			35.4900	
03-4-8-121	户内干包铜芯电缆终端头 1kV 以下 截面积 300mm² 以下	个				35.4900
03-4-13-5	一般铁构件 制作每件重 1kg 以内	100kg	0.1681	0.1870	0.2090	0.2330
03-4-13-9	一般铁构件 安装每件重 1kg 以内	100kg	0.1681	0.1870	0.2090	0.2330

四、控制电缆敷设

工作内容：电缆敷设，电缆终端头安装。

定额编号			B-1-8-24	B-1-8-25	B-1-8-26
项目			控制电缆敷设		
			芯数 14 芯以下	芯数 37 芯以下	芯数 37 芯以上
			100m	100m	100m
预算定额编号	预算定额名称	预算定额单位	数量		
03-4-8-88	控制电缆 芯数 7 芯以下	100m	0.3000		
03-4-8-89	控制电缆 芯数 14 芯以下	100m	0.7000		
03-4-8-90	控制电缆 芯数 24 芯以下	100m		0.3000	
03-4-8-91	控制电缆 芯数 37 芯以下	100m		0.7000	
03-4-8-92	控制电缆 芯数 37 芯以上	100m			1.0000
03-4-8-186	控制电缆制作安装 终端头 14 芯以内	个	3.0500		
03-4-8-187	控制电缆制作安装 终端头 24 芯以内	个		3.0500	
03-4-8-189	控制电缆制作安装 终端头 48 芯以内	个			3.0500

五、防火封堵

工作内容：防火堵料、防火板安装。

定额编号			B-1-8-27	B-1-8-28	B-1-8-29
项目			防火封堵	电缆密封填料	
				10 根以下	20 根以下
			m^3	m^3	m^3
预算定额编号	预算定额名称	预算定额单位	数量		
03-9-7-33	防火堵料 墙体	m^3	0.3000		
03-9-7-34	防火堵料 楼板	m^3	0.7000		
03-9-7-35	电缆密封填料 墙体 5 根以下电缆	m^3		0.2100	
03-9-7-36	电缆密封填料 墙体 10 根以下电缆	m^3		0.0900	
03-9-7-40	电缆密封填料 楼板 5 根以下电缆	m^3		0.4900	
03-9-7-41	电缆密封填料 楼板 10 根以下电缆	m^3		0.2100	
03-9-7-37	电缆密封填料 墙体 15 根以下电缆	m^3			0.2100
03-9-7-38	电缆密封填料 墙体 20 根以下电缆	m^3			0.0900
03-9-7-42	电缆密封填料 楼板 15 根以下电缆	m^3			0.4900
03-9-7-43	电缆密封填料 楼板 20 根以下电缆	m^3			0.2100
03-9-7-50	防火板安装 支架支撑	$10m^2$	0.4600	0.4600	0.4600

第九章　防雷及接地装置

说　　明

一、本章包括接地极、接地母线及跨接地线、避雷引下线、避雷网及均压环焊接、避雷针及避雷器、等电位端子箱与等电位联接、接地装置测试等。

二、本章定额已包括高空作业工的因素，不得另行计算。

三、户外接地母线安装定额中已包含了挖填土。

四、卫生间等电位联接，适用于采用金属管道的卫生间。定额中综合了接地端子板(盒)制作安装、等电位联接线与卫生器具的联接、联接线敷设等内容。

五、卫生间内仅安装等电位联接端子箱的，执行等电位箱安装相应定额子目。

六、屋面避雷网已包含女儿墙上避雷带，包含了支架制作安装。

工程量计算规则

一、接地极制作安装区分材质、规格，按设计图示数量计算，以“根”为计量单位，每根长度按 2.5m 计算；如设计有规定，则按其规定计算主材费用，其余不变。

二、接地极板区分材质，按设计图示数量计算，以“块”为计量单位。

三、利用地板钢筋作接地极，按地板面积计算，以“m^2”为计量单位。

四、接地母线区分材质和安装部位，按设计图示数量计算，以“m”为计量单位。其长度按施工图设计水平和垂直规定的长度以延长米计算另加 3.9%的附加长度(包括转弯、上下波动、避绕障碍物、搭接头所占长度)。

五、接地跨接线安装，按设计图示数量计算，以“处”为计量单位。

六、钢门窗接地跨接线安装，按设计图示门窗数量计算，以“樘”为计量单位。

七、避雷引下线区分安装方式，按设计图示数量计算，以“m”为计量单位。

八、断接卡子制作安装，按设计图示数量计算，以“套”为计量单位。

九、避雷网安装按建筑物的屋面面积计算，以“屋面 m^2”为计量单位。

十、均压环按设计图示数量计算，按长度以“m”为计量单位。

十一、避雷针区分材质、长度、安装方式，按设计图示数量计算，以“根”为计量单位。

十二、避雷器区分形状，按设计图示数量计算，以“套”为计量单位。

十三、波导馈线避雷接地按设计图示数量计算，以“m”为计量单位。

十四、等电位端子箱，按设计图示数量计算，以“个”为计量单位。

十五、卫生间等电位连接，按设计图示卫生间数量，以“间”为计量单位。

十六、接地装置试验区分接地形式，以“组”或“系统”为计量单位。

第一节　定额消耗量

一、接　地　极

工作内容：安装。

定　额　编　号				B-1-9-1	B-1-9-2	B-1-9-3	B-1-9-4
项　　目				钢管接地极	角钢接地极	圆钢接地极	铜板接地极板
				长度 2500			
名　　称			单位	根	根	根	块
人工	00050101	综合人工 安装	工日	0.2992	0.2117	0.2213	1.4900
材料	Z27061601	钢管接地极	根	(1.0300)			
	Z27061701	角钢接地极	根		(1.0500)		
	Z27061801	圆钢接地极	根			(1.0500)	
	Z27062001	铜板接地极	块				(1.0400)
	01130336	热轧镀锌扁钢 50～75	kg	0.2600	0.2600	0.1300	
	03130114	电焊条 J422 ϕ3.2	kg	0.1000	0.0500	0.0600	
	03131111	铜焊丝 ϕ3	kg				1.0000
	03131572	铜焊粉(气剂 301 瓶装)	kg				0.1200
	13053111	沥青清漆	kg	0.0200	0.0200	0.0100	
	14030101	汽油	kg				1.0000
	14390101	氧气	m^3				4.0000
	14390302	乙炔气	kg				1.7400
	X0045	其他材料费	%	0.5000	0.5100	8.5000	7.1400
机械	99250010	交流弧焊机 21kV·A	台班	0.1400	0.0500	0.0500	
	99450405	吹风机 $3m^3/min$	台班			0.0100	

工作内容：1. 安装。
2. 接地极、卡子制作安装、接地电阻试验等。

定　额　编　号				B-1-9-5	B-1-9-6
项　　目				钢板接地极板	利用地板钢筋作接地极
名　　称			单位	块	$100m^2$
人工	00050101	综合人工 安装	工日	1.5890	7.1000
材料	Z27061901	钢板接地极	块	(1.0400)	
	01090211-1	镀锌圆钢	kg		9.9000
	01130302	热轧镀锌扁钢	kg		0.1900
	03130114	电焊条 J422 ϕ3.2	kg	0.5000	0.3209
	14030101	汽油	kg	1.0000	
	14030402	防锈漆	kg		0.0802
	X0045	其他材料费	%	10.0000	6.0100
机械	99250010	交流弧焊机 21kV·A	台班	0.5000	0.0290

二、接地母线及跨接线

工作内容：1. 挖地沟、母线敷设、回填土、刷漆。
2. 支架制作安装及刷油、母线敷设、刷漆。
3. 母线敷设、刷漆。
4. 挖地沟、地绞线敷设、回填土、刷漆。

定额编号				B-1-9-7	B-1-9-8	B-1-9-9	B-1-9-10
项目				户外接地母线敷设	户内接地母线敷设	接地母线沿桥架敷设	铜接地绞线敷设
名称			单位	10m	10m	10m	10m
人工	00050101	综合人工 安装	工日	1.8300	0.7376	0.4680	2.3400
材料	Z27061101	接地母线	m	(10.5000)	(10.5000)	(10.5000)	
	Z28010501	铜导线	m				(10.5000)
	01130336	热轧镀锌扁钢 50～75	kg		0.4970		
	01150103	热轧型钢 综合	kg		0.4200		
	03014292	镀锌六角螺栓连母垫 M10×70	10套		0.0252		
	03110215	尼龙砂轮片 ϕ400	片		0.0022		
	03110606	铁砂布	张				1.0000
	03130101	电焊条	kg				0.2100
	03130114	电焊条 J422 ϕ3.2	kg	0.2000	0.2332	0.2000	
	03131571	铜焊粉	kg				0.0200
	03211001	钢锯条	根				1.0000
	13010101	调和漆	kg		0.1764	0.2000	
	13011011	清油 C01-1	kg		0.0024		
	13050511	醇酸防锈漆 C53-1	kg		0.0083		
	13053111	沥青清漆	kg	0.0100			
	14050111	溶剂油 200#	kg		0.0022		
	14050201	松香水	kg		0.0020		
	14390101	氧气	m^3				0.2300
	14390301	乙炔气	m^3				0.9000
	17010139	焊接钢管 DN40	m		0.2800		
	X0045	其他材料费	%	5.5000	4.7700	5.5000	5.5000
机械	99230170	砂轮切割机 ϕ400	台班		0.0008		
	99250010	交流弧焊机 21kV·A	台班	0.0400	0.1275	0.0400	

工作内容：安装、刷漆。

定额编号				B-1-9-11	B-1-9-12
项目				接地跨接线	钢门窗接地
名称			单位	10 处	樘
人工	00050101	综合人工 安装	工日	1.4020	0.2780
材料	01130336	热轧镀锌扁钢 50～75	kg	4.5900	0.9180
	03130115	电焊条 J422 ϕ4.0	kg	0.3000	0.3000
	13011011	清油 C01-1	kg	0.0100	0.0040
	13050201	铅油	kg	0.0200	0.0080
	13050511	醇酸防锈漆 C53-1	kg	0.0400	0.0160
	X0045	其他材料费	%	2.8200	1.5000
机械	99250010	交流弧焊机 21kV·A	台班	0.1500	0.1560

三、避雷引下线

工作内容：安装、刷漆。

定额编号				B-1-9-13	B-1-9-14	B-1-9-15	B-1-9-16
项目				利用柱内主筋引下	利用金属构件引下	装在建筑物、构筑物引下	
						明敷	
						100m 以内	400m 以内
名称			单位	10m	10m	10m	10m
人工	00050101	综合人工 安装	工日	0.2720	0.1000	2.1340	4.7010
材料	Z27051001	避雷引下线	m			(10.5000)	(10.5000)
	01090211	镀锌圆钢 ϕ5～10	kg	0.5600			
	01130334	热轧镀锌扁钢 25～45	kg		0.5200	0.5200	0.5200
	03015655	弯钩螺栓 M6×50	套			4.0800	4.0800
	03130115	电焊条 J422 ϕ4.0	kg	0.3920	0.1500	0.3900	0.4300
	13011011	清油 C01-1	kg		0.0100	0.0300	0.0300
	13050201	铅油	kg		0.0200	0.0700	0.0700
	13050511	醇酸防锈漆 C53-1	kg		0.0500	0.1400	0.1400
	17010137	焊接钢管 DN25	m			0.4920	0.1230
	X0045	其他材料费	%	4.5000	5.0000	1.5900	2.0000
机械	99250010	交流弧焊机 21kV·A	台班	0.1120	0.0800	0.2000	0.2650

工作内容：安装、刷漆。

定额编号				B-1-9-17	B-1-9-18	B-1-9-19
项目				装在建筑物、构筑物引下		断接卡子制作安装
				暗敷		
				100m 以内	400m 以内	
名称			单位	10m	10m	套
人工	00050101	综合人工 安装	工日	1.3520	2.8200	0.2140
材料	Z27051001	避雷引下线	m	(10.5000)	(10.5000)	
	03015655	弯钩螺栓 M6×50	套	4.0800	4.0800	
	03130115	电焊条 J422 ϕ4.0	kg	0.3900	0.4300	0.4700
	13011011	清油 C01-1	kg	0.0300	0.0300	
	13050201	铅油	kg	0.0700	0.0700	
	13050511	醇酸防锈漆 C53-1	kg	0.1400	0.1400	
	17010137	焊接钢管 DN25	m	0.4920	0.1180	
	X0045	其他材料费	%	1.5800	2.0000	4.5100
机械	99190200	台式钻床 ϕ16	台班			0.0020
	99250010	交流弧焊机 21kV·A	台班	0.2000	0.2650	

四、避　雷　网

工作内容：1. 女儿墙避雷带安装、屋面避雷带安装、混凝土块制作、刷漆。

2. 女儿墙避雷带安装、屋面避雷带安装、刷漆。

3，4. 安装、刷漆。

定额编号				B-1-9-20	B-1-9-21	B-1-9-22	B-1-9-23
项目				平屋面沿混凝土块敷设	斜屋面沿折板支架敷设	均压环敷设	
						安装于圈梁内	利用圈梁内钢筋
名称			单位	屋面 m^2	屋面 m^2	10m	10m
人工	00050101	综合人工 安装	工日	0.0634	0.1034	0.6000	0.1200
材料	Z27050901	避雷线	m	(0.5166)	(0.6127)		
	Z27061101	接地母线	m			(10.5000)	
	01090211	镀锌圆钢 ϕ5～10	kg				0.4000
	01130334	热轧镀锌扁钢 25～45	kg	0.0582	0.0260		
	03130114	电焊条 J422 ϕ3.2	kg		0.0520	0.2000	0.2000
	03130115	电焊条 J422 ϕ4.0	kg	0.0171	0.0063		
	03150106	圆钉 $L<70$	kg	0.0021			
	04010614	普通硅酸盐水泥 P·O 32.5 级	kg	0.7704			
	04030123	黄砂 中粗	m^3	0.0013			
	04050201	碎石	m^3	0.0013			
	05031011	硬木板材	m^3	0.0004			
	13010101	调和漆	kg			0.2000	
	13011011	清油 C01-1	kg	0.0024	0.0023		
	13050201	铅油	kg	0.0036	0.0053		
	13050511	醇酸防锈漆 C53-1	kg	0.0070	0.0093		0.0500
	33012011	镀锌扁钢支架 40×3	kg	0.0179	0.1998		
	X0045	其他材料费	%	2.6100	1.5000	5.5000	4.5000
机械	99250010	交流弧焊机 21kV·A	台班	0.0072	0.0152	0.0400	0.1000

五、避雷针制作安装

工作内容：避雷针制作、安装、刷漆。

定额编号				B-1-9-24	B-1-9-25	B-1-9-26	B-1-9-27
项目				钢管避雷针制作安装			
				在建筑物平屋面上		在建筑物墙面上	
				7m以内	14m以内	7m以内	14m以内
名称			单位	根	根	根	根
人工	00050101	综合人工 安装	工日	3.6512	4.6716	3.6760	4.7391
材料	Z27050801	避雷针	根	(1.0000)	(1.0000)	(1.0000)	(1.0000)
	01070501	喷涂塑钢绞线	kg	32.3136	32.3136	32.3136	32.3136
	01210115	等边角钢 45～50	kg			23.8000	23.8000
	03015230	地脚螺栓 M16	套	4.0800	4.0800		
	03130114	电焊条 J422 ϕ3.2	kg	0.2480	0.4510	0.2480	0.4510
	03130115	电焊条 J422 ϕ4.0	kg	0.5600	0.5600	0.1200	0.1200
	03131901	焊锡	kg	0.2000	0.2000	0.2000	0.2000
	03131941	焊锡膏 50g/瓶	kg	0.0200	0.0200	0.0200	0.0200
	03153622	钢丝绳轧头 ϕ8	只	18.5400	18.5400	18.5400	18.5400
	13090101	银粉漆	kg	0.0310	0.0480	0.0310	0.0480
	14030101	汽油	kg	0.2400	0.2580	0.2400	0.2580
	27110601	拉线绝缘子	个	3.0600	3.0600	3.0600	3.0600
	29176201	镀锌拉线棒	个	3.0300	3.0300	3.0300	3.0300
	29212501	水泥杆轧头	副	3.0300	3.0300	3.0300	3.0300
	29212651	拉线地锚	个	3.0150	3.0150	3.0150	3.0150
	33014211	钢板底座 δ6	kg	1.0000	1.0000		
	X0045	其他材料费	%	0.5700	0.5700	0.5000	0.4900
机械	99070530	载重汽车 5t	台班	0.1500	0.1500	0.1500	0.1500
	99110050	线网工程车 SQN5090JGK	台班	0.3300	0.3300	0.3300	0.3300
	99250010	交流弧焊机 21kV·A	台班	0.4090	0.5310	0.1890	0.3110

工作内容：避雷针制作、安装、刷漆。

定　额　编　号				B-1-9-28	B-1-9-29	B-1-9-30	B-1-9-31
项　目				圆钢避雷针制作安装		钢管避雷针制作安装	
				在建筑物平屋面上	在建筑物墙面上	在金属容器顶上	在金属容器壁上
						7m 以内	
名　称			单位	根	根	根	根
人工	00050101	综合人工 安装	工日	2.8998	0.7990	1.8281	1.5331
材料	Z27050801	避雷针	根	(1.0000)	(1.0000)	(1.0000)	(1.0000)
	01070501	喷涂塑钢绞线	kg	32.3136			
	01210115	等边角钢 45～50	kg		23.8000		
	01290315	热轧钢板(中厚板) δ4.5～10	kg			3.9500	
	03015230	地脚螺栓 M16	套	4.0800			
	03130114	电焊条 J422 ϕ3.2	kg			0.2480	0.2480
	03130115	电焊条 J422 ϕ4.0	kg	0.5600	0.1200	0.2800	0.2800
	03131901	焊锡	kg	0.2000	0.2000	0.2000	0.2000
	03131941	焊锡膏 50g/瓶	kg	0.0200	0.0200	0.0200	0.0200
	03153622	钢丝绳轧头 ϕ8	只	18.5400			
	13011011	清油 C01-1	kg			0.0200	0.0100
	13050201	铅油	kg			0.0400	0.0200
	13050511	醇酸防锈漆 C53-1	kg			0.0400	0.0200
	13090101	银粉漆	kg			0.0310	0.0310
	14030101	汽油	kg			0.2400	0.2400
	14390101	氧气	m^3			0.4600	
	14390302	乙炔气	kg			0.2000	
	27110601	拉线绝缘子	个	3.0600			
	29176201	镀锌拉线棒	个	3.0300			
	29212501	水泥杆轧头	副	3.0300			
	29212651	拉线地锚	个	3.0150			
	33014211	钢板底座 δ6	kg	1.0000			
	X0045	其他材料费	%	0.2800	0.8100		
机械	99070530	载重汽车 5t	台班	0.1500			
	99110050	线网工程车 SQN5090JGK	台班	0.3300			
	99250010	交流弧焊机 21kV·A	台班	0.2800	0.0600	0.2190	0.1790

工作内容：避雷针制作、安装、刷漆。

定额编号				B-1-9-32	B-1-9-33	B-1-9-34	B-1-9-35
项目				圆钢避雷针制作安装		钢管避雷针制作安装	
				在金属容器顶上	在金属容器壁上	在构筑物上	
						7m 以内	14m 以内
名称			单位	根	根	根	根
人工	00050101	综合人工 安装	工日	1.0900	0.7990	1.6353	2.2262
材料	Z27050801	避雷针	根	(1.0000)	(1.0000)	(1.0000)	(1.0000)
	01010420	热轧光圆钢筋(HPB300) ϕ10～12	kg			6.4830	6.4830
	01290315	热轧钢板(中厚板) δ4.5～10	kg	3.9500		8.5050	8.5050
	03130114	电焊条 J422 ϕ3.2	kg			0.2480	0.4510
	03130115	电焊条 J422 ϕ4.0	kg	0.2800	0.2800	0.1770	0.1770
	03131901	焊锡	kg	0.2000	0.2000	0.2000	0.2000
	03131941	焊锡膏 50g/瓶	kg	0.0200	0.0200	0.0200	0.0200
	03152510	镀锌铁丝 10#～12#	kg			0.2600	0.2600
	13011011	清油 C01-1	kg	0.0200	0.0100	0.0200	0.0200
	13050201	铅油	kg	0.0400	0.0200	0.0400	0.0400
	13050511	醇酸防锈漆 C53-1	kg	0.0400	0.0200	0.0400	0.0400
	13090101	银粉漆	kg			0.0310	0.0480
	14030101	汽油	kg			0.2400	0.2580
	14390101	氧气	m^3	0.4600		0.2850	0.2850
	14390302	乙炔气	kg	0.2000		0.1250	0.1250
	29213331	镀锌扁钢抱箍支架 40×4	副			1.4070	1.4070
	X0045	其他材料费	%			0.8300	0.8100
机械	99250010	交流弧焊机 21kV·A	台班	0.0900	0.0900	0.2050	0.3270

工作内容：1. 避雷针制作、安装、刷漆。
2，3，4. 安装、刷漆。

定额编号				B-1-9-36	B-1-9-37	B-1-9-38	B-1-9-39
项目				圆钢避雷针制作安装 在构筑物上	独立避雷针	球状避雷器安装	消雷器
名称			单位	根	基	套	套
人工	00050101	综合人工 安装	工日	1.0202	5.6069	4.1600	1.8000
材料	Z27050111	球状避雷器	套			(1.0000)	
	Z27050701	消雷装置	套				(1.0000)
	Z27050801	避雷针	根	(1.0000)			
	01010420	热轧光圆钢筋(HPB300) ϕ10～12	kg	6.4830			
	01010423	热轧光圆钢筋(HPB300) ϕ15～24	kg		33.5000		
	01290315	热轧钢板(中厚板) δ4.5～10	kg	8.5050			
	01291901	钢板垫板	kg		6.0000	3.5000	
	03018174	膨胀螺栓(钢制) M12	套			4.0200	
	03130111	电焊条 J422	kg				1.0000
	03130114	电焊条 J422 ϕ3.2	kg		1.5000	1.0000	
	03130115	电焊条 J422 ϕ4.0	kg	0.1770			
	03131901	焊锡	kg	0.2000			
	03131941	焊锡膏 50g/瓶	kg	0.0200			
	03152510	镀锌铁丝 10#～12#	kg	0.2600	4.6500		
	13010101	调和漆	kg		0.9000	0.5000	
	13011011	清油 C01-1	kg	0.0200			
	13050201	铅油	kg	0.0400			
	13050511	醇酸防锈漆 C53-1	kg	0.0400			
	14390101	氧气	m^3	0.2850			
	14390302	乙炔气	kg	0.1250			
	29213331	镀锌扁钢抱箍支架 40×4	副	1.4070			
	X0045	其他材料费	%	0.9400	2.0000	5.0000	
机械	99070530	载重汽车 5t	台班		0.2149		
	99090360	汽车式起重机 8t	台班		0.1120		
	99090390	汽车式起重机 12t	台班		0.0840		
	99090400	汽车式起重机 16t	台班		0.0840		
	99190030	普通车床 ϕ400×1000	台班		0.1300		
	99250010	交流弧焊机 21kV•A	台班	0.0760	0.7300	0.5000	

工作内容:安装、刷漆。

定 额 编 号				B-1-9-40
项 目				波导馈线接地
名 称			单位	10m
人工	00050101	综合人工 安装	工日	0.5400
材料	Z01130332	热轧镀锌扁钢 40×4	kg	(10.5000)
	03130111	电焊条 J422	kg	0.2500
机械	99250010	交流弧焊机 21kV·A	台班	0.1300

六、等电位装置

工作内容:1,2. 安装、刷漆。

3,4. 联接线敷设、等电位联接、刷漆。

定 额 编 号				B-1-9-41	B-1-9-42	B-1-9-43	B-1-9-44
项 目				等电位端子箱	总等电位端子箱	等电位联接	
						住宅卫生间	公共卫生间
名 称			单位	个	个	间	间
人工	00050101	综合人工 安装	工日	0.0720	0.3450	2.6480	5.7660
材料	Z29090951	等电位端子盒	个	(1.0500)		(1.0000)	(1.0000)
	Z29090951-1	总等电位端子箱	个		(1.0000)		
	01090109	圆钢 ϕ6～10	kg		0.1300	0.1300	0.1300
	01130302	热轧镀锌扁钢	kg		1.0000	1.0000	1.0000
	13010101	调和漆	kg		0.2000	0.2000	0.2000
	13050401	防锈漆	kg		0.1000	0.1000	0.1000
	18253111	金属抱箍	个			4.1200	12.3600
	28030216	铜芯聚氯乙烯绝缘线 BV-4mm^2	m	0.7500			
	28030216-1	阻燃铜芯聚氯乙烯绝缘线 ZR-BV4	m			26.6400	43.8020
	29060713	刚性阻燃塑料电线管 DN20	m			14.9970	39.9000
	X0045	其他材料费	%	1.8100			

七、接地装置试验

工作内容:1. 测试。

2. 系统测试。

定 额 编 号				B-1-9-45	B-1-9-46
项 目				接地极	接地网
名 称			单位	组	系统
人工	00050101	综合人工 安装	工日	2.1870	5.4680
材料	28030216	铜芯聚氯乙烯绝缘线 BV-4mm^2	m	2.1500	5.4600
	X0045	其他材料费	%	3.0000	3.0100
机械	98050580	接地电阻测试仪 3150	台班	1.6820	4.2060

第二节　定额含量

一、接　地　极

工作内容:安装。

定　额　编　号			B-1-9-1	B-1-9-2	B-1-9-3	B-1-9-4
项　　目			钢管接地极	角钢接地极	圆钢接地极	铜板接地极板
			长度 2500			
			根	根	根	块
预算定额编号	预算定额名称	预算定额单位	数　　量			
03-4-9-1	钢管接地极制作安装 普通土	根	0.3000			
03-4-9-2	钢管接地极制作安装 坚土	根	0.7000			
03-4-9-3	角铁接地极制作安装 普通土	根		0.3000		
03-4-9-4	角铁接地极制作安装 坚土	根		0.7000		
03-4-9-5	圆钢接地极制作安装 普通土	根			0.3000	
03-4-9-6	圆钢接地极制作安装 坚土	根			0.7000	
03-4-9-7	铜板接地板制作安装	块				1.0000

工作内容:1. 安装。

2. 接地极、卡子制作安装、接地电阻试验等。

定　额　编　号			B-1-9-5	B-1-9-6
项　　目			钢板接地极板	利用地板钢筋作接地极
			块	$100m^2$
预算定额编号	预算定额名称	预算定额单位	数　　量	
03-4-9-8	钢板接地板制作安装	块	1.0000	
03B-4-9-81	利用底板钢筋作接地极	$100m^2$		1.0000

二、接地母线及跨接线

工作内容：1. 挖地沟、母线敷设、回填土、刷漆。
2. 支架制作安装及刷油、母线敷设、刷漆。
3. 母线敷设、刷漆。
4. 挖地沟、地绞线敷设、回填土、刷漆。

定额编号			B-1-9-7	B-1-9-8	B-1-9-9	B-1-9-10
项目			户外接地母线敷设	户内接地母线敷设	接地母线沿桥架敷设	铜接地绞线敷设
			10m	10m	10m	10m
预算定额编号	预算定额名称	预算定额单位	数量			
03-4-9-10	接地母线敷设 埋地敷设	10m	1.0000			
03-4-9-11	接地母线敷设 沿电缆沟内支架敷设	10m		0.3000		
03-4-9-12	接地母线敷设 沿砖混凝土敷设	10m		0.7000		
03-4-9-13	接地母线敷设 沿桥架敷设	10m			1.0000	
03B-4-9-9-4	铜接地绞线敷设	10m				1.0000
03-4-13-5	一般铁构件 制作每件重1kg以内	100kg		0.0040		
03-4-13-9	一般铁构件 安装每件重1kg以内	100kg		0.0040		

工作内容：安装、刷漆。

定额编号			B-1-9-11	B-1-9-12
项目			接地跨接线	钢门窗接地
			10处	樘
预算定额编号	预算定额名称	预算定额单位	数量	
03-4-9-77	接地跨接线安装 螺栓连接	10处	0.5000	
03-4-9-78	接地跨接线安装 焊接	10处	0.5000	
03-4-9-80	接地跨接线安装 钢铝门窗接地	10处		0.2000

三、避雷引下线

工作内容:安装、刷漆。

定额编号			B-1-9-13	B-1-9-14	B-1-9-15	B-1-9-16
项目			利用柱内主筋引下	利用金属构件引下	装在建筑物、构筑物引下	
					明敷	
					100m以内	400m以内
			10m	10m	10m	10m
预算定额编号	预算定额名称	预算定额单位	数量			
03-4-9-28	避雷接地利用金属构件敷设 利用柱内主筋引下线敷设	10m	0.4000			
03-4-9-29	避雷接地利用金属构件敷设 利用柱内主筋引下线(机械连接)	10m	0.6000			
03-4-9-30	避雷接地利用金属构件敷设 利用金属构件引下线	10m		1.0000		
03-4-9-16	装在构筑物、建筑物上 明敷 高度 25m以下	10m			0.2000	
03-4-9-17	装在构筑物、建筑物上 明敷 高度 50m以下	10m			0.3000	
03-4-9-18	装在构筑物、建筑物上 明敷 高度 100m以下	10m			0.5000	
03-4-9-19	装在构筑物、建筑物上 明敷 高度 150m以下	10m				0.2000
03-4-9-20	装在构筑物、建筑物上 明敷 高度 200m以下	10m				0.3000
03-4-9-21	装在构筑物、建筑物上 明敷 高度 400m以下	10m				0.5000

工作内容:安装、刷漆。

定额编号			B-1-9-17	B-1-9-18	B-1-9-19
项目			装在建筑物、构筑物引下		断接卡子制作安装
			暗敷		
			100m 以内	400m 以内	
			10m	10m	套
预算定额编号	预算定额名称	预算定额单位	数量		
03-4-9-22	装在构筑物、建筑物上 暗敷 高度 25m 以下	10m	0.2000		
03-4-9-23	装在构筑物、建筑物上 暗敷 高度 50m 以下	10m	0.3000		
03-4-9-24	装在构筑物、建筑物上 暗敷 高度 100m 以下	10m	0.5000		
03-4-9-25	装在构筑物、建筑物上 暗敷 高度 150m 以下	10m		0.2000	
03-4-9-26	装在构筑物、建筑物上 暗敷 高度 200m 以下	10m		0.3000	
03-4-9-27	装在构筑物、建筑物上 暗敷 高度 400m 以下	10m		0.5000	
03-4-9-31	避雷接地利用金属构件敷设 断接卡子制作安装	套			1.0000

四、避雷网

工作内容:1. 女儿墙避雷带安装、屋面避雷带安装、混凝土块制作、刷漆。
2. 女儿墙避雷带安装、屋面避雷带安装、刷漆。
3. 4，安装、刷漆。

定额编号			B-1-9-20	B-1-9-21	B-1-9-22	B-1-9-23
项目			平屋面沿混凝土块敷设	斜屋面沿折板支架敷设	均压环敷设	
					安装于圈梁内	利用圈梁内钢筋
			屋面 m^2	屋面 m^2	10m	10m
预算定额编号	预算定额名称	预算定额单位	数量			
03-4-9-32	避雷带、网安装 沿混凝土块敷设	10m	0.0214			
03-4-9-33	避雷带、网安装 沿女儿墙板支架敷设	10m	0.0064	0.0063		
03-4-9-34	避雷带、网安装 沿屋面敷设 扁钢	10m	0.0214			
03-4-9-36	避雷带、网安装 混凝土块制作	10m	0.0428			
03-4-9-37	避雷带、网安装 沿坡屋顶、屋脊敷设	10m		0.0520		
03-4-9-14	均压环敷设 均压环圈梁内接地母线	10m			1.0000	
03-4-9-15	均压环敷设 均压环利用圈梁内主筋	10m				1.0000

五、避雷针制作安装

工作内容：避雷针制作、安装、刷漆。

定额编号			B-1-9-24	B-1-9-25	B-1-9-26	B-1-9-27
项目			钢管避雷针制作安装			
			在建筑物平屋面上		在建筑物墙面上	
			7m 以内	14m 以内	7m 以内	14m 以内
			根	根	根	根
预算定额编号	预算定额名称	预算定额单位	数量			
03-4-9-38	钢管避雷针制作 2m 以内	根	0.2000		0.2000	
03-4-9-39	钢管避雷针制作 5m 以内	根	0.3000		0.3000	
03-4-9-40	钢管避雷针制作 7m 以内	根	0.5000		0.5000	
03-4-9-41	钢管避雷针制作 10m 以内	根		0.2000		0.2000
03-4-9-42	钢管避雷针制作 12m 以内	根		0.3000		0.3000
03-4-9-43	钢管避雷针制作 14m 以内	根		0.5000		0.5000
03-4-9-51	装在建筑物上 平屋面上 针长 2m 以内	根	0.2000			
03-4-9-52	装在建筑物上 平屋面上 针长 5m 以内	根	0.3000			
03-4-9-53	装在建筑物上 平屋面上 针长 7m 以内	根	0.5000			
03-4-9-54	装在建筑物上 平屋面上 针长 10m 以内	根		0.2000		
03-4-9-55	装在建筑物上 平屋面上 针长 12m 以内	根		0.3000		
03-4-9-56	装在建筑物上 平屋面上 针长 14m 以内	根		0.5000		
03-4-9-57	装在建筑物上 墙上 针长 2m 以内	根			0.2000	
03-4-9-58	装在建筑物上 墙上 针长 5m 以内	根			0.3000	
03-4-9-59	装在建筑物上 墙上 针长 7m 以内	根			0.5000	
03-4-9-60	装在建筑物上 墙上 针长 10m 以内	根				0.2000
03-4-9-61	装在建筑物上 墙上 针长 12m 以内	根				0.3000
03-4-9-62	装在建筑物上 墙上 针长 14m 以内	根				0.5000
03-13-1-29	拉线安装 普通拉线	处	3.0000	3.0000	3.0000	3.0000

工作内容：避雷针制作、安装、刷漆。

定额编号			B-1-9-28	B-1-9-29	B-1-9-30	B-1-9-31
项目			圆钢避雷针制作安装		钢管避雷针制作安装	
			在建筑物平屋面上	在建筑物墙面上	在金属容器顶上	在金属容器壁上
					7m 以内	
			根	根	根	根
预算定额编号	预算定额名称	预算定额单位	数量			
03-4-9-38	钢管避雷针制作 2m 以内	根			0.2000	0.2000
03-4-9-39	钢管避雷针制作 5m 以内	根			0.3000	0.3000
03-4-9-40	钢管避雷针制作 7m 以内	根			0.5000	0.5000
03-4-9-44	圆钢避雷针制作 2m 以内	根	1.0000	1.0000		
03-4-9-51	装在建筑物上 平屋面上 针长 2m 以内	根	1.0000			
03-4-9-57	装在建筑物上 墙上 针长 2m 以内	根		1.0000		
03-4-9-63	装在金属容器及构筑物上 金属容器顶上 针长 3m 以内	根			0.5000	
03-4-9-64	装在金属容器及构筑物上 金属容器顶上 针长 7m 以内	根			0.5000	
03-4-9-65	装在金属容器及构筑物上 金属容器壁上 针长 3m 以内	根				0.5000
03-4-9-66	装在金属容器及构筑物上 金属容器壁上 针长 7m 以内	根				0.5000
03-13-1-29	拉线安装 普通拉线	处	3.0000			

工作内容：避雷针制作、安装、刷漆。

定额编号			B-1-9-32	B-1-9-33	B-1-9-34	B-1-9-35
项目			圆钢避雷针制作安装		钢管避雷针制作安装	
			在金属容器顶上	在金属容器壁上	在构筑物上	
					7m 以内	14m 以内
			根	根	根	根
预算定额编号	预算定额名称	预算定额单位	数量			
03-4-9-44	圆钢避雷针制作 2m 以内	根	1.0000	1.0000		
03-4-9-38	钢管避雷针制作 2m 以内	根			0.2000	
03-4-9-39	钢管避雷针制作 5m 以内	根			0.3000	
03-4-9-40	钢管避雷针制作 7m 以内	根			0.5000	
03-4-9-41	钢管避雷针制作 10m 以内	根				0.2000
03-4-9-42	钢管避雷针制作 12m 以内	根				0.3000
03-4-9-43	钢管避雷针制作 14m 以内	根				0.5000
03-4-9-63	装在金属容器及构筑物上 金属容器顶上 针长 3m 以内	根	1.0000			
03-4-9-65	装在金属容器及构筑物上 金属容器壁上 针长 3m 以内	根		1.0000		
03-4-9-67	构筑物上 木杆上	根			0.2000	0.2000
03-4-9-68	构筑物上 水泥杆上	根			0.5000	0.5000
03-4-9-69	构筑物上 金属构架上	根			0.3000	0.3000

工作内容:1. 避雷针制作、安装、刷漆。
2，3，4. 安装、刷漆。

定　额　编　号			B-1-9-36	B-1-9-37	B-1-9-38	B-1-9-39
项　　目			圆钢避雷针制作安装	独立避雷针	球状避雷器安装	消雷器
			在构筑物上			
			根	基	套	套
预算定额编号	预算定额名称	预算定额单位	数　　量			
03-4-9-44	圆钢避雷针制作 2m 以内	根	1.0000			
03-4-9-67	构筑物上 木杆上	根	0.2000			
03-4-9-68	构筑物上 水泥杆上	根	0.5000			
03-4-9-69	构筑物上 金属构架上	根	0.3000			
03-4-9-70	独立避雷针安装 针高 18m 以下	基		0.2000		
03-4-9-71	独立避雷针安装 针高 24m 以下	基		0.2000		
03-4-9-72	独立避雷针安装 针高 30m 以下	基		0.3000		
03-4-9-73	独立避雷针安装 针高 40m 以下	基		0.3000		
03-4-9-74	球状避雷器安装	套			1.0000	
03-4-9-75	其他避雷器安装 消雷器	套				1.0000

工作内容:安装、刷漆。

定　额　编　号			B-1-9-40
项　　目			波导馈线接地
			10m
预算定额编号	预算定额名称	预算定额单位	数　　量
03-4-9-76	其他避雷器安装 波导馈线接地	10m	1.0000

六、等电位装置

工作内容:1，2. 安装、刷漆。
3，4. 联接线敷设、等电位联接、刷漆。

定　额　编　号			B-1-9-41	B-1-9-42	B-1-9-43	B-1-9-44
项　　目			等电位端子箱	总等电位端子箱	等电位联接	
					住宅卫生间	公共卫生间
			个	个	间	间
预算定额编号	预算定额名称	预算定额单位	数　　量			
03-4-9-9	等电位接地(线)端子箱安装	个	1.0000			
03B-4-9-9-1	总等电位端子箱	个		1.0000		
03B-4-9-9-2	等电位连接 住宅	间			1.0000	
03B-4-9-9-3	等电位连接 公共卫生间	间				1.0000

七、接地装置试验

工作内容:1. 测试。
2. 系统测试。

定额编号			B-1-9-45	B-1-9-46
项目			接地极	接地网
			组	系统
预算定额编号	预算定额名称	预算定额单位	数量	
03-4-14-50	接地装置调试 接地极	组	1.0000	
03-4-14-51	接地装置调试 接地网	系统		1.0000

第十章　配管、配线

说　　明

一、本章包括紧定(扣压)式薄壁钢管敷设、紧定(扣压)式薄壁钢管沿钢结构支架及钢索配管、钢管敷设、PVC阻燃塑料管敷设、电缆桥架(线槽)安装、配线、动力支路配管配线、照明支路配管配线等。

二、本章定额适用于配电干线及电气控制线路的敷设。

三、配管定额子目中已综合了接线盒、箱的内容。

四、管道埋地敷设定额子目已综合考虑挖填土方。

五、钢线槽、槽式桥架、托盘安装定额子目中综合了支架制作安装、防火封堵的工作内容。如用成品支架,则应扣除其支架制作费用。

六、钢制梯式桥架(无盖)安装执行相应槽式桥架定额,其人工乘以系数0.75;钢制梯式桥架(有盖)安装执行相应槽式桥架定额。

七、不锈钢梯式桥架(无盖)安装执行相应的钢制槽式桥架定额,其人工乘以系数0.85;不锈钢梯式桥架(有盖)安装执行相应的钢制槽式桥架定额,其人工乘以系数1.05。不锈钢线槽、槽式桥架和托盘的安装执行相应钢制槽式桥架,其人工乘以系数1.1。

八、铝合金槽式桥架安装执行相应的钢制槽式桥架定额,其人工乘以系数0.8;铝合金梯式桥架安装执行相应的钢制槽式桥架定额,其人工乘以系数0.65。

九、干、支线划分:由进户线至层、段的末端箱(含插座箱)、柜、盘、台以及它们之间的线路为配电干线,而由末端箱、柜、盘、台至用电器具的线路为支线。

十、动力、照明支路管线敷设,若设计采用钢索配管,不采用本项目定额子目,采用配管、配线定额子目。

十一、动力支路配管配线定额子目综合的工作内容:配电箱(柜)至设备电源的配管、线缆、接线盒等,只适用于功率小于90kW的低压电动机。如高压电动机和功率大于90kW的低压电动机,不执行支路管线子目。如设备电源由配电机房直接接至设备电源,应按图示干线图计算,不再计算动力支路配管配线。

十二、动力支路配管如采用镀锌钢管,主材换算,其余不变。

十三、动力和照明支路管线敷设,定额是按配电箱、柜、盘与电动机出口在同一楼层编制的;若不在同一楼层,其跨层部分的配管配线,视为干线,执行本章相应定额子目。

十四、动力支路管线敷设定额子目中不包括控制回路的配管配线缆,执行本册相应定额子目。

十五、照明支路配管配线敷设综合了照明灯头、接线盒、插座、接线盒、开关接线盒,灯头盒、配管、配线、管道支架、砖墙刨沟等工作内容,不包括灯具安装费用。

十六、照明支路管线敷设,按住宅和其他建筑分别执行相应定额子目,其导线规格是按截面小于$4mm^2$以下综合考虑的,若设计支路导线截面大于$4mm^2$时,执行本章相应定额子目。

十七、照明支路管线敷设定额中不包括智能疏散照明系统的信号线缆及配管,另行执行本章相应定额子目。

工程量计算规则

一、各种配管和线槽按设计图示尺寸以单线长度计算,以“m”为计量单位,不扣除管路中间的接线箱(盒)、灯头盒、开关盒所占长度,但须扣除配电箱、板、柜所占的长度。

二、管内穿线和线槽配线按设计图示规格以单线长度计算(含预留长度),以单线“m”为计量单位。线路分支接头线的长度已综合考虑在定额中,不得另行计算。

三、电力干管区分管道规格、材质、安装方式,按设计图示数量计算,以“m”为计量单位。

四、电缆桥架区分规格和形式,按设计图示数量计算,以“m”为计量单位。

五、电力支线配管配线按用电器具的出口数量计算,如电动机、风机盘管、多联机空调系统室内机、排气扇、电热水器等,以“台”为计量单位。

六、照明支线配管配线区分住宅和其他建筑类型,按照明面积计算,以“m^2”为计量单位。

七、灯具、明、暗开关、插座、按钮等的预留线,已分别综合在相应定额内,不另行计算。配线进入开关箱、柜、板的预留线,按表 10-1 规定的长度,分别计入相应的工程量。

表 10-1　配线进入箱、柜、板的预留线　　(每 1 根线)

序号	项　　目	预留长度	说明
1	各种开关、柜、板	宽+高	盘面尺寸
2	单独安装(无箱、盘)的铁壳开关、闸刀开关、启动器、线槽进出线盒等	0.3m	从安装对象中心算起
3	由地面管子出口引至电动机接线箱	1.0m	从管口计算
4	电源与管内导线连接(管内穿线与软、硬母线接头)	1.5m	从管口计算
5	出户线	1.5m	从管口计算

第一节　定额消耗量

一、紧定、扣压式薄壁钢管敷设

工作内容：明配、暗配敷设，接线盒(箱)安装，接地，刷漆。

定额编号				B-1-10-1	B-1-10-2	B-1-10-3	B-1-10-4
项目				紧定式薄壁钢管敷设			
				公称直径(mm 以内)			
				15	20	25	32
名称			单位	100m	100m	100m	100m
人工	00050101	综合人工 安装	工日	3.7220	3.8820	5.2200	6.0661
材料	Z29060311	紧定式镀锌钢导管 DN15	m	(103.0000)			
	Z29060312	紧定式镀锌钢导管 DN20	m		(103.0000)		
	Z29060313	紧定式镀锌钢导管 DN25	m			(103.0000)	
	Z29060314	紧定式镀锌钢导管 DN32	m				(103.0000)
	29110101-1	接线箱 半周长 500mm	个				1.0000
	29110201	接线盒	个	3.0600	3.0600	3.0600	
	29061411	紧定式螺纹盒接头 DN15	个	18.5400			
	29061412	紧定式螺纹盒接头 DN20	个		18.5400		
	29061413	紧定式螺纹盒接头 DN25	个			15.4500	
	29061414	紧定式螺纹盒接头 DN32	个				15.4500
	29061511	紧定式弯管接头 DN32	个				2.3500
	29061631	紧定式直管接头 DN15	个	17.5100			
	29061632	紧定式直管接头 DN20	个		17.5100		
	29061633	紧定式直管接头 DN25	个			15.3200	
	29061634	紧定式直管接头 DN32	个				15.3200
	29062711	管卡(镀锌电管用)DN15	个	12.9780			
	29062712	管卡(镀锌电管用)DN20	个		12.9780		
	29062713	管卡(镀锌电管用)DN25	个			7.6940	
	29062714	管卡(镀锌电管用)DN32	个				7.6940
	03011120	木螺钉 M4×65 以下	10 个	2.6210	2.6210	1.5540	1.5540
	03018807	塑料膨胀管(尼龙胀管) M6～8	个	28.5560	28.5560	16.9100	16.9100
	03152513	镀锌铁丝 14#～16#	kg	0.2500	0.2800	0.3000	0.3500
	03210203	硬质合金冲击钻头 ϕ6～8	根	0.1550	0.1550	0.1120	0.1120
	04010614	普通硅酸盐水泥 P·O 32.5 级	kg	0.4500	0.4500	0.4500	
	04030123	黄砂 中粗	m^3	0.0009	0.0009	0.0009	
	13053101	沥青漆	kg				0.0740
	14090611	电力复合酯 一级	kg	0.0890	0.0990	0.1180	0.1280
	X0045	其他材料费	%	1.4300	1.4300	1.4300	1.4600

工作内容：明配、暗配敷设，接线盒(箱)安装，接地，刷漆。

定额编号				B-1-10-5	B-1-10-6	B-1-10-7	B-1-10-8
项目				紧定式薄壁钢管敷设		扣压式薄壁钢管敷设	
				公称直径(mm 以内)			
				40	50	15	20
名称			单位	100m	100m	100m	100m
人工	00050101	综合人工 安装	工日	7.4921	7.9101	3.7649	3.9122
材料	Z29060315	紧定式镀锌钢导管 DN40	m	(103.0000)			
	Z29060316	紧定式镀锌钢导管 DN50	m		(103.0000)		
	Z29060411	扣压式镀锌钢导管 DN15	m			(103.0000)	
	Z29060412	扣压式镀锌钢导管 DN20	m				(103.0000)
	29110101-1	接线箱 半周长 500mm	个	1.0000	1.0000		
	29110201	接线盒	个			3.0600	3.0600
	29061415	紧定式螺纹盒接头 DN40	个	15.4500			
	29061416	紧定式螺纹盒接头 DN50	个		15.4500		
	29061512	紧定式弯管接头 DN40	个	2.1600			
	29061513	紧定式弯管接头 DN50	个		1.9100		
	29061635	紧定式直管接头 DN40	个	13.1300			
	29061636	紧定式直管接头 DN50	个		13.1300		
	29061711	扣压式螺纹盒接头 DN15	个			15.4500	
	29061712	扣压式螺纹盒接头 DN20	个				15.4500
	29061911	扣压式直管接头 DN15	个			17.5100	
	29061912	扣压式直管接头 DN20	个				17.5100
	29062711	管卡(镀锌电管用)DN15	个			12.9780	
	29062712	管卡(镀锌电管用)DN20	个				12.9780
	29062715	管卡(镀锌电管用)DN40	个	6.1100			
	29062716	管卡(镀锌电管用)DN50	个		5.1940		
	03011120	木螺钉 M4×65 以下	10 个	0.6170	0.5250	2.6210	2.6210
	03018171	膨胀螺栓(钢制) M6	套	6.1700	5.2540		
	03018807	塑料膨胀管(尼龙胀管) M6～8	个	6.2930	5.2970	28.5560	28.5560
	03152513	镀锌铁丝 14#～16#	kg	0.4000	0.5000	0.2500	0.2800
	03210203	硬质合金冲击钻头 ϕ6～8	根	0.0830	0.0700	0.1550	0.1550
	04010614	普通硅酸盐水泥 P·O 32.5 级	kg			0.4500	0.4500
	04030123	黄砂 中粗	m^3			0.0009	0.0009
	13053101	沥青漆	kg	0.0740	0.0740		
	14090611	电力复合酯 一级	kg	0.1480	0.1770	0.0890	0.0990
	X0045	其他材料费	%	1.4300	1.4200	1.4300	1.4300

工作内容：明配、暗配敷设，接线盒(箱)安装，接地，刷漆。

定额编号				B-1-10-9	B-1-10-10	B-1-10-11	B-1-10-12
项目				扣压式薄壁钢管敷设			
				公称直径(mm 以内)			
				25	32	40	50
名称			单位	100m	100m	100m	100m
人工	00050101	综合人工 安装	工日	5.2740	6.1186	7.5576	7.9769
材料	Z29060413	扣压式镀锌钢导管 DN25	m	(103.0000)			
	Z29060414	扣压式镀锌钢导管 DN32	m		(103.0000)		
	Z29060415	扣压式镀锌钢导管 DN40	m			(103.0000)	
	Z29060416	扣压式镀锌钢导管 DN50	m				(103.0000)
	29110101-1	接线箱 半周长 500mm	个		1.0000	1.0000	1.0000
	29110201	接线盒	个	3.0600			
	29061713	扣压式螺纹盒接头 DN25	个	15.4500			
	29061714	扣压式螺纹盒接头 DN32	个		15.4500		
	29061715	扣压式螺纹盒接头 DN40	个			15.4500	
	29061716	扣压式螺纹盒接头 DN50	个				15.4500
	29061811	扣压式弯管接头 DN32	个		2.3500		
	29061812	扣压式弯管接头 DN40	个			2.1600	
	29061813	扣压式弯管接头 DN50	个				1.9100
	29061913	扣压式直管接头 DN25	个	15.3200			
	29061914	扣压式直管接头 DN32	个		15.3200		
	29061915	扣压式直管接头 DN40	个			13.1300	
	29061916	扣压式直管接头 DN50	个				13.1300
	29062713	管卡(镀锌电管用)DN25	个	7.6940			
	29062714	管卡(镀锌电管用)DN32	个		7.6940		
	29062715	管卡(镀锌电管用)DN40	个			6.1100	
	29062716	管卡(镀锌电管用)DN50	个				5.1940
	03011120	木螺钉 M4×65 以下	10 个	1.5540	1.5540	0.6170	0.5250
	03018171	膨胀螺栓(钢制) M6	套			6.1700	5.2540
	03018807	塑料膨胀管(尼龙胀管) M6～8	个	16.9100	16.9100	6.2930	5.2970
	03152513	镀锌铁丝 14#～16#	kg	0.3000	0.3500	0.4000	0.5000
	03210203	硬质合金冲击钻头 ϕ6～8	根	0.1120	0.1120	0.0830	0.0700
	04010614	普通硅酸盐水泥 P·O 32.5 级	kg	0.4500			
	04030123	黄砂 中粗	m^3	0.0009			
	13053101	沥青漆	kg		0.0740	0.0740	0.0740
	14090611	电力复合酯 一级	kg	1.0900	0.1280	0.1480	0.1770
	X0045	其他材料费	%	1.4300	1.4600	1.4400	1.4300

工作内容：沿钢结构配管、沿钢索配管、接线盒(箱)安装、接地、刷漆。

定额编号				B-1-10-13	B-1-10-14	B-1-10-15	B-1-10-16
项目				紧定式薄壁钢管敷设			
				钢结构支架及钢索配管			
				公称直径(mm 以内)			
				15	20	25	32
名称			单位	100m	100m	100m	100m
人工	00050101	综合人工 安装	工日	5.3810	5.6390	7.3930	8.1518
材料	Z29060311	紧定式镀锌钢导管 DN15	m	(103.0000)			
	Z29060312	紧定式镀锌钢导管 DN20	m		(103.0000)		
	Z29060313	紧定式镀锌钢导管 DN25	m			(103.0000)	
	Z29060314	紧定式镀锌钢导管 DN32	m				(103.0000)
	29110101-1	接线箱 半周长 500mm	个				1.0000
	29110201	接线盒	个	3.0600	3.0600	3.0600	
	29061411	紧定式螺纹盒接头 DN15	个	17.9220			
	29061412	紧定式螺纹盒接头 DN20	个		17.9220		
	29061413	紧定式螺纹盒接头 DN25	个			15.4500	
	29061414	紧定式螺纹盒接头 DN32	个				15.4500
	29061511	紧定式弯管接头 DN32	个				1.8800
	29061631	紧定式直管接头 DN15	个	17.5100			
	29061632	紧定式直管接头 DN20	个		17.5100		
	29061633	紧定式直管接头 DN25	个			15.3200	
	29061634	紧定式直管接头 DN32	个				15.3200
	29062711	管卡(镀锌电管用)DN15	个	118.7560			
	29062712	管卡(镀锌电管用)DN20	个		118.7560		
	29062713	管卡(镀锌电管用)DN25	个			72.0760	
	29062714	管卡(镀锌电管用)DN32	个				72.0760
	03017206	半圆头镀锌螺栓连母垫 M4～6×10～25	套	0.6180		0.6180	
	03017208	半圆头镀锌螺栓连母垫 M2～5×15～50	10 套		0.6180		
	03017211	半圆头镀锌螺栓连母垫 M6～12×12～50	10 套	21.4360	21.4360	12.8700	12.8700
	03018171	膨胀螺栓(钢制) M6	套				4.0800
	03018807	塑料膨胀管(尼龙胀管) M6～8	个	6.1800	6.1800	6.1800	
	03152513	镀锌铁丝 14#～16#	kg	0.2500	0.2800	0.3000	0.3500
	03210203	硬质合金冲击钻头 ϕ6～8	根				0.0810
	14090611	电力复合酯 一级	kg	0.0880	0.0980	0.1080	0.1180
	X0045	其他材料费	%	1.4100	1.4200	1.4100	1.4000

工作内容:1,2. 沿钢结构配管、接线盒(箱)安装、接地、刷漆。
3,4. 沿钢结构配管、沿钢索配管、接线盒(箱)安装、接地、刷漆。

定额编号				B-1-10-17	B-1-10-18	B-1-10-19	B-1-10-20
项目				紧定式薄壁钢管敷设		扣压式薄壁钢管敷设	
				钢结构支架配管		钢结构支架及钢索配管	
				公称直径(mm 以内)			
				40	50	15	20
名称			单位	100m	100m	100m	100m
人工	00050101	综合人工 安装	工日	8.8778	9.6078	5.4322	5.6970
材料	Z29060315	紧定式镀锌钢导管 DN40	m	(103.0000)			
	Z29060316	紧定式镀锌钢导管 DN50	m		(103.0000)		
	Z29060411	扣压式镀锌钢导管 DN15	m			(103.0000)	
	Z29060412	扣压式镀锌钢导管 DN20	m				(103.0000)
	29110101-1	接线箱 半周长 500mm	个	1.0000	1.0000		
	29110201	接线盒	个			3.0600	3.0600
	29061415	紧定式螺纹盒接头 DN40	个	15.4500			
	29061416	紧定式螺纹盒接头 DN50	个		15.4500		
	29061512	紧定式弯管接头 DN40	个	2.1600			
	29061513	紧定式弯管接头 DN50	个		1.9100		
	29061635	紧定式直管接头 DN40	个	13.1300			
	29061636	紧定式直管接头 DN50	个		13.1300		
	29061711	扣压式螺纹盒接头 DN15	个			15.4500	
	29061712	扣压式螺纹盒接头 DN20	个				15.4500
	29061911	扣压式直管接头 DN15	个			17.5100	
	29061912	扣压式直管接头 DN20	个				17.5100
	29062711	管卡(镀锌电管用)DN15	个			118.7560	
	29062712	管卡(镀锌电管用)DN20	个				118.7560
	29062715	管卡(镀锌电管用)DN40	个	54.9900			
	29062716	管卡(镀锌电管用)DN50	个		51.9400		
	03017206	半圆头镀锌螺栓连母垫 M4～6×10～25	套			0.6180	0.6180
	03017211	半圆头镀锌螺栓连母垫 M6～12×12～50	10 套	11.1100	10.4900	21.4360	21.4360
	03018171	膨胀螺栓(钢制) M6	套	4.0800	4.0800		
	03018807	塑料膨胀管(尼龙胀管) M6～8	个			6.1800	6.1800
	03152513	镀锌铁丝 14#～16#	kg	0.4000	0.5000	0.2500	0.2800
	03210203	硬质合金冲击钻头 ϕ6～8	根	0.0810	0.0810		
	14090611	电力复合酯 一级	kg	0.1300	0.1500	0.0880	0.0980
	X0045	其他材料费	%	1.4000	1.4000	1.4100	1.4100

工作内容:1,2. 沿钢结构配管、沿钢索配管、接线盒(箱)安装、接地、刷漆。
3,4. 沿钢结构配管、接线盒(箱)安装、接地、刷漆。

定额编号				B-1-10-21	B-1-10-22	B-1-10-23	B-1-10-24
项目				扣压式薄壁钢管敷设			
				钢结构支架及钢索配管		钢结构支架配管	
				公称直径(mm 以内)			
				25	32	40	50
名称			单位	100m	100m	100m	100m
人工	00050101	综合人工 安装	工日	7.4692	8.2302	8.9598	9.6918
材料	Z29060413	扣压式镀锌钢导管 DN25	m	(103.0000)			
	Z29060414	扣压式镀锌钢导管 DN32	m		(103.0000)		
	Z29060415	扣压式镀锌钢导管 DN40	m			(103.0000)	
	Z29060416	扣压式镀锌钢导管 DN50	m				(103.0000)
	29110101-1	接线箱 半周长 500mm	个		1.0000	1.0000	1.0000
	29110201	接线盒	个	3.0600			
	29061713	扣压式螺纹盒接头 DN25	个	15.4500			
	29061714	扣压式螺纹盒接头 DN32	个		15.4500		
	29061715	扣压式螺纹盒接头 DN40	个			15.4500	
	29061716	扣压式螺纹盒接头 DN50	个				15.4500
	29061811	扣压式弯管接头 DN32	个		1.8800		
	29061812	扣压式弯管接头 DN40	个			2.1600	
	29061813	扣压式弯管接头 DN50	个				1.9100
	29061913	扣压式直管接头 DN25	个	15.3200			
	29061914	扣压式直管接头 DN32	个		15.3200		
	29061915	扣压式直管接头 DN40	个			13.1300	
	29061916	扣压式直管接头 DN50	个				13.1300
	29062713	管卡(镀锌电管用)DN25	个	72.0760			
	29062714	管卡(镀锌电管用)DN32	个		72.0760		
	29062715	管卡(镀锌电管用)DN40	个			54.9900	
	29062716	管卡(镀锌电管用)DN50	个				51.9400
	03017206	半圆头镀锌螺栓连母垫 M4～6×10～25	套	0.6180			
	03017211	半圆头镀锌螺栓连母垫 M6～12×12～50	10 套	12.8700	12.8700	11.1100	10.4900
	03018171	膨胀螺栓(钢制) M6	套		4.0800	4.0800	4.0800
	03018807	塑料膨胀管(尼龙胀管) M6～8	个	6.1800			
	03152513	镀锌铁丝 14#～16#	kg	0.3000	0.3500	0.4000	0.5000
	03210203	硬质合金冲击钻头 ϕ6～8	根		0.0810	0.0810	0.0810
	14090611	电力复合酯 一级	kg	0.1080	0.1180	0.1300	0.1500
	X0045	其他材料费	%	1.4100	1.4000	1.4000	1.4000

二、钢 管 敷 设

工作内容：明配、暗配敷设，接线盒（箱）安装，接地，刷漆。

定　额　编　号				B-1-10-25	B-1-10-26	B-1-10-27	B-1-10-28
项　　目				砖混凝土结构钢管敷设			
				公称直径(mm 以内)			
				25	40	50	65
		名　　称	单位	100m	100m	100m	100m
人工	00050101	综合人工 安装	工日	6.6900	11.1881	12.4281	17.9840
材料	Z29060011	焊接钢管(电管)	m	(103.0000)	(103.0000)	(103.0000)	(103.0000)
	29110101-1	接线箱 半周长 500mm	个		1.0000	1.0000	
	29110101-2	接线箱 半周长 700mm	个				1.0000
	29110201	接线盒	个	3.0600			
	18031113	钢制外接头 DN25	个	16.4800			
	18031115	钢制外接头 DN40	个		16.4800		
	18031116	钢制外接头 DN50	个			1.6480	
	18031117	钢制外接头 DN65	个			14.8320	15.4500
	29062514	锁紧螺母(钢管用) M25	个	15.4500			
	29062516	锁紧螺母(钢管用) M40	个		15.4500		
	29062517	锁紧螺母(钢管用) M50	个			15.4500	
	29062518	锁紧螺母(钢管用) M70	个				15.4500
	29062813	管卡子(钢管用) DN25	个	8.5490			
	29062815	管卡子(钢管用) DN40	个		6.7980		
	29062816	管卡子(钢管用) DN50	个			6.7980	
	29062817	管卡子(钢管用) DN70	个				5.1500
	29063213	塑料护口(电管用) DN25	个	15.4500			
	29063215	塑料护口(电管用) DN40	个		15.4500		
	29063216	塑料护口(电管用) DN50	个			15.4500	
	29063217	塑料护口(电管用) DN65	个				15.4500
	01090110	圆钢 ϕ5.5～9	kg	0.9000	2.7800	2.7800	4.3100
	03011120	木螺钉 M4×65 以下	10 个	1.7264	0.6864	0.6864	
	03018171	膨胀螺栓(钢制) M6	套		6.7320	6.7320	10.2000
	03018807	塑料膨胀管(尼龙胀管) M6～8	个	17.4300	6.9300	6.9300	
	03130114	电焊条 J422 ϕ3.2	kg	0.9000	1.1300	1.1300	1.3600
	03152513	镀锌铁丝 14#～16#	kg	0.6600	0.6600	0.6600	0.6600
	03210203	硬质合金冲击钻头 ϕ6～8	根	0.1150	0.0920	0.0920	0.0680
	04010614	普通硅酸盐水泥 P·O 32.5 级	kg	0.4500			
	04030123	黄砂 中粗	m^3	0.0009			
	13011011	清油 C01-1	kg	0.0360	0.0540	0.0670	0.0930
	13050201	铅油	kg	0.0870	0.1310	0.1630	0.2060
	13050511	醇酸防锈漆 C53-1	kg	1.2350	2.0190	2.5250	3.7530
	13053101	沥青漆	kg		0.0740	0.0740	0.0740
	13053111	沥青清漆	kg	0.5300	0.6300	0.6300	0.8800
	14050111	溶剂油 200#	kg	0.3060	0.5030	0.6270	0.9530
	X0045	其他材料费	%	1.9700	1.8500	1.7200	1.8200
机械	99190750	管子切断套丝机 ϕ159	台班			0.1100	0.1100
	99190830	电动煨弯机 ϕ100	台班	0.0450	0.0515	0.1100	0.2990
	99250010	交流弧焊机 21kV·A	台班	0.4700	0.5900	0.5900	0.7100

工作内容:明配、暗配敷设,接线盒(箱)安装,接地,刷漆。

定额编号				B-1-10-29	B-1-10-30	B-1-10-31	B-1-10-32
项目				砖混凝土结构钢管敷设			
				公称直径(mm 以内)			
				80	100	125	150
名称			单位	100m	100m	100m	100m
人工	00050101	综合人工 安装	工日	25.5640	27.3879	35.0909	47.9570
材料	Z29060011	焊接钢管(电管)	m	(103.0000)	(103.0000)	(103.0000)	(103.0000)
	29110101-2	接线箱 半周长 700mm	个	1.0000			
	29110101-3	接线箱 半周长 1000mm	个		1.0000	1.0000	
	29110101-4	接线箱 半周长 1500mm	个				1.0000
	18031118	钢制外接头 DN80	个	15.4500			
	18031119	钢制外接头 DN100	个		15.4500		
	18031120	钢制外接头 DN125	个			15.4500	
	18031121	钢制外接头 DN150	个				15.4500
	29062519	锁紧螺母(钢管用) M80	个	15.4500			
	29062520	锁紧螺母(钢管用) M100	个		15.4500		
	29062521	锁紧螺母(钢管用) M125	个			15.4500	
	29062522	锁紧螺母(钢管用) M150	个				15.4500
	29062818	管卡子(钢管用) DN80	个	5.1500			
	29062819	管卡子(钢管用) DN100	个		5.1500		
	29062820	管卡子(钢管用) DN125	个			5.1500	
	29062821	管卡子(钢管用) DN150	个				5.1500
	29063218	塑料护口(电管用) DN80	个	15.4500			
	29063219	塑料护口(电管用) DN100	个		15.4500		
	29063220	塑料护口(电管用) DN125	个			15.4500	
	29063221	塑料护口(电管用) DN150	个				15.4500
	01090110	圆钢 ϕ5.5～9	kg	4.3100	4.3100	4.9600	4.9600
	03018171	膨胀螺栓(钢制) M6	套	10.2000	10.2000	10.2000	10.2000
	03130114	电焊条 J422 ϕ3.2	kg	1.3600	1.3600	1.6300	1.6300
	03152513	镀锌铁丝 14#～16#	kg	0.6600	0.6600	0.7900	0.7900
	03210203	硬质合金冲击钻头 ϕ6～8	根	0.0680	0.0680	0.0680	0.0680
	13011011	清油 C01-1	kg	0.0970	0.1250	0.1380	0.1500
	13050201	铅油	kg	0.2120	0.2720	0.2910	0.3100
	13050511	醇酸防锈漆 C53-1	kg	3.9090	5.0340	5.5060	5.9780
	13053101	沥青漆	kg	0.0740	0.1330	0.1330	0.1330
	13053111	沥青清漆	kg	1.1150	1.1400	1.3570	1.3680
	14050111	溶剂油 200#	kg	1.0020	1.2530	1.3780	1.4940
	X0045	其他材料费	%	1.4900	1.4800	1.7200	1.7100
机械	99190750	管子切断套丝机 ϕ159	台班	0.1100	0.1100	0.4880	0.5300
	99190830	电动煨弯机 ϕ100	台班	0.3200	0.3200		
	99190850	电动煨弯机 ϕ500～1800	台班			0.9770	1.0500
	99250010	交流弧焊机 21kV·A	台班	0.7100	0.7100	0.8500	0.8500

工作内容：1，2. 沿钢结构配管、沿钢索配管、接线盒（箱）安装、接地、刷漆。
3，4. 沿钢结构配管、接线盒（箱）安装、接地、刷漆。

定　额　编　号				B-1-10-33	B-1-10-34	B-1-10-35	B-1-10-36
项　　目				钢结构钢索支架配管		钢结构支架配管	
				公称直径（mm 以内）			
				25	40	50	65
名　　称			单位	100m	100m	100m	100m
人工	00050101	综合人工 安装	工日	8.1105	12.4530	14.6878	22.4070
材料	Z29060011	焊接钢管（电管）	m	(103.0000)	(103.0000)	(103.0000)	(103.0000)
	29110101-1	接线箱 半周长 500mm	个		1.0000	1.0000	
	29110101-2	接线箱 半周长 700mm	个				1.0000
	29110201	接线盒	个	3.0600			
	18031111	钢制外接头 DN15	个	4.1200			
	18031112	钢制外接头 DN20	个	4.1200			
	18031113	钢制外接头 DN25	个	8.2400			
	18031114	钢制外接头 DN32	个		6.5920		
	18031115	钢制外接头 DN40	个		9.8880		
	18031116	钢制外接头 DN50	个			16.4800	
	18031117	钢制外接头 DN65	个				15.4500
	29062512	锁紧螺母（钢管用） M15	个	3.8625			
	29062513	锁紧螺母（钢管用） M20	个	3.8625			
	29062514	锁紧螺母（钢管用） M25	个	7.7250			
	29062515	锁紧螺母（钢管用） M32	个		6.1800		
	29062516	锁紧螺母（钢管用） M40	个		9.2700		
	29062517	锁紧螺母（钢管用） M50	个			15.4500	
	29062518	锁紧螺母（钢管用） M70	个				15.4500
	29062811	管卡子（钢管用） DN15	个	30.9000			
	29062812	管卡子（钢管用） DN20	个	30.9000			
	29062813	管卡子（钢管用） DN25	个	44.4960			
	29062814	管卡子（钢管用） DN32	个		37.6980		
	29062815	管卡子（钢管用） DN40	个		40.7880		
	29062816	管卡子（钢管用） DN50	个			67.9800	
	29062817	管卡子（钢管用） DN70	个				51.5000
	29063211	塑料护口（电管用） DN15	个	3.8625			
	29063212	塑料护口（电管用） DN20	个	3.8625			
	29063213	塑料护口（电管用） DN25	个	7.7250			
	29063214	塑料护口（电管用） DN32	个		6.1800		
	29063215	塑料护口（电管用） DN40	个		9.2700		

（续表）

定额编号				B-1-10-33	B-1-10-34	B-1-10-35	B-1-10-36
项目				钢结构钢索支架配管		钢结构支架配管	
				公称直径(mm 以内)			
				25	40	50	65
名称			单位	100m	100m	100m	100m
材料	29063216	塑料护口(电管用) DN50	个			15.4500	
	29063217	塑料护口(电管用) DN65	个				15.4500
	01090110	圆钢 ϕ5.5～9	kg	0.8150	2.0280	2.7800	4.3100
	03017206	半圆头镀锌螺栓连母垫 M4～6×10～25	套	0.4120			
	03017211	半圆头镀锌螺栓连母垫 M6～12×12～50	10 套	19.1776	13.7688	13.7280	10.4000
	03018171	膨胀螺栓(钢制) M6	套		4.0800	4.0800	4.0800
	03018807	塑料膨胀管(尼龙胀管) M6～8	个	4.1200			
	03130114	电焊条 J422 ϕ3.2	kg	0.7950	1.0380	1.1300	1.3600
	03152513	镀锌铁丝 14#～16#	kg	0.6600	0.6600	0.6600	0.6600
	03210203	硬质合金冲击钻头 ϕ6～8	根		0.0810	0.0810	0.0810
	13011011	清油 C01-1	kg	0.3475	0.5360	0.7400	0.9300
	13050201	铅油	kg	0.8100	1.3840	1.6300	2.0600
	13050511	醇酸防锈漆 C53-1	kg	2.5905	4.4960	5.0000	7.3800
	13053111	沥青清漆	kg	0.2600	0.6060	0.6300	0.8800
	14050111	溶剂油 200#	kg	0.6415	1.0860	1.2300	1.7900
	X0045	其他材料费	%	1.1200	1.0200	0.8000	1.7000
机械	99190750	管子切断套丝机 ϕ159	台班			0.1100	0.1100
	99190830	电动煨弯机 ϕ100	台班	0.0240	0.1000	0.1100	0.3200
	99250010	交流弧焊机 21kV·A	台班	0.4100	0.5420	0.5900	0.7100

工作内容：沿钢结构配管、接线盒(箱)安装、接地、刷漆。

定额编号				B-1-10-37	B-1-10-38	B-1-10-39	B-1-10-40
项目				钢结构支架配管			
				公称直径(mm 以内)			
				80	100	125	150
名称			单位	100m	100m	100m	100m
人工	00050101	综合人工 安装	工日	29.7890	32.4719	47.0959	59.8410
材料	Z29060011	焊接钢管(电管)	m	(103.0000)	(103.0000)	(103.0000)	(103.0000)
	29110101-2	接线箱 半周长 700mm	个	1.0000			
	29110101-3	接线箱 半周长 1000mm	个		1.0000	1.0000	
	18031118	钢制外接头 DN80	个	15.4500			
	18031119	钢制外接头 DN100	个		15.4500		

（续表）

定额编号				B-1-10-37	B-1-10-38	B-1-10-39	B-1-10-40
项目				钢结构支架配管			
				公称直径(mm 以内)			
				80	100	125	150
名称			单位	100m	100m	100m	100m
材料	18031120	钢制外接头 DN125	个			15.4500	
	18031121	钢制外接头 DN150	个				15.4500
	29110101-4	接线箱 半周长 1500mm	个				1.0000
	29062519	锁紧螺母(钢管用) M80	个	15.4500			
	29062520	锁紧螺母(钢管用) M100	个		15.4500		
	29062521	锁紧螺母(钢管用) M125	个			15.4500	
	29062522	锁紧螺母(钢管用) M150	个				15.4500
	29062818	管卡子(钢管用) DN80	个	51.5000			
	29062819	管卡子(钢管用) DN100	个		51.5000		
	29062820	管卡子(钢管用) DN125	个			51.5000	
	29062821	管卡子(钢管用) DN150	个				51.5000
	29063218	塑料护口(电管用) DN80	个	15.4500			
	29063219	塑料护口(电管用) DN100	个		15.4500		
	29063220	塑料护口(电管用) DN125	个			15.4500	
	29063221	塑料护口(电管用) DN150	个				15.4500
	01090110	圆钢 ϕ5.5～9	kg	4.3100	4.3100	5.1000	5.1000
	03017211	半圆头镀锌螺栓连母垫 M6～12×12～50	10 套	10.4000	10.4000	5.8240	5.8240
	03018171	膨胀螺栓(钢制) M6	套	4.0800			
	03018173	膨胀螺栓(钢制) M10	套		4.0800	4.0800	4.0800
	03130114	电焊条 J422 ϕ3.2	kg	1.3600	1.3600	1.6000	1.6000
	03152513	镀锌铁丝 14#～16#	kg	0.6600	0.6600	0.6600	0.6600
	03210203	硬质合金冲击钻头 ϕ6～8	根	0.0810			
	03210209	硬质合金冲击钻头 ϕ10～12	根		0.0510	0.0510	0.0510
	13011011	清油 C01-1	kg	1.0900	1.4100	1.7300	2.0400
	13050201	铅油	kg	2.3800	2.7200	3.0600	3.7600
	13050511	醇酸防锈漆 C53-1	kg	8.4400	10.8800	13.3700	15.7400
	13053111	沥青清漆	kg	1.1400	1.1400	1.3700	1.3700
	14050111	溶剂油 200#	kg	2.3600	2.3600	3.2700	3.8400
	X0045	其他材料费	%	1.8000	1.8000	1.8000	1.8000
机械	99190750	管子切断套丝机 ϕ159	台班	0.1100	0.1100	0.5300	0.5300
	99190830	电动煨弯机 ϕ100	台班	0.3200	0.3200		
	99190850	电动煨弯机 ϕ500～1800	台班			1.0500	1.0500
	99250010	交流弧焊机 21kV·A	台班	0.7100	0.7100	0.8500	0.8500

工作内容:配管、接线盒(箱)安装、接地、刷漆。

定额编号				B-1-10-41	B-1-10-42	B-1-10-43	B-1-10-44
项目				轻型吊顶内配管			
				公称直径(mm 以内)			
				25	50	100	150
名称			单位	100m	100m	100m	100m
人工	00050101	综合人工 安装	工日	8.2994	13.2744	30.2765	54.5900
材料	Z29060011	焊接钢管(电管)	m	(103.0000)	(103.0000)	(103.0000)	(103.0000)
	29110101-1	接线箱 半周长 500mm	个		1.0000		
	29110101-3	接线箱 半周长 1000mm	个			1.0000	
	29110101-4	接线箱 半周长 1500mm	个				1.0000
	29110201	接线盒	个	3.0600			
	18031111	钢制外接头 DN15	个	3.2960			
	18031112	钢制外接头 DN20	个	6.5920			
	18031113	钢制外接头 DN25	个	6.5920			
	18031114	钢制外接头 DN32	个		3.2960		
	18031115	钢制外接头 DN40	个		6.5920		
	18031116	钢制外接头 DN50	个		6.5920		
	18031117	钢制外接头 DN65	个			3.0900	
	18031118	钢制外接头 DN80	个			6.1800	
	18031119	钢制外接头 DN100	个			6.1800	
	18031120	钢制外接头 DN125	个				3.0900
	18031121	钢制外接头 DN150	个				12.3600
	29062512	锁紧螺母(钢管用) M15	个	3.0900			
	29062513	锁紧螺母(钢管用) M20	个	6.1800			
	29062514	锁紧螺母(钢管用) M25	个	6.1800			
	29062515	锁紧螺母(钢管用) M32	个		3.0900		
	29062516	锁紧螺母(钢管用) M40	个		6.1800		
	29062517	锁紧螺母(钢管用) M50	个		6.1800		
	29062518	锁紧螺母(钢管用) M70	个			3.0900	
	29062519	锁紧螺母(钢管用) M80	个			6.1800	
	29062520	锁紧螺母(钢管用) M100	个			6.1800	
	29062521	锁紧螺母(钢管用) M125	个				3.0900
	29062522	锁紧螺母(钢管用) M150	个				12.3600
	29062811	管卡子(钢管用) DN15	个	24.7200			
	29062812	管卡子(钢管用) DN20	个	49.4400			
	29062813	管卡子(钢管用) DN25	个	34.1960			
	29062814	管卡子(钢管用) DN32	个		17.0980		
	29062815	管卡子(钢管用) DN40	个		27.1920		
	29062816	管卡子(钢管用) DN50	个		27.1920		
	29062817	管卡子(钢管用) DN70	个			10.3000	

（续表）

定　额　编　号				B-1-10-41	B-1-10-42	B-1-10-43	B-1-10-44
项　　目				轻型吊顶内配管			
				公称直径(mm 以内)			
				25	50	100	150
名　　称			单位	100m	100m	100m	100m
材料	29062818	管卡子(钢管用) DN80	个			20.6000	
	29062819	管卡子(钢管用) DN100	个			20.6000	
	29062820	管卡子(钢管用) DN125	个				10.3000
	29062821	管卡子(钢管用) DN150	个				41.2000
	29063211	塑料护口(电管用) DN15	个	3.0900			
	29063212	塑料护口(电管用) DN20	个	6.1800			
	29063213	塑料护口(电管用) DN25	个	6.1800			
	29063214	塑料护口(电管用) DN32	个		3.0900		
	29063215	塑料护口(电管用) DN40	个		6.1800		
	29063216	塑料护口(电管用) DN50	个		6.1800		
	29063217	塑料护口(电管用) DN65	个			3.0900	
	29063218	塑料护口(电管用) DN80	个			6.1800	
	29063219	塑料护口(电管用) DN100	个			6.1800	
	29063220	塑料护口(电管用) DN125	个				3.0900
	29063221	塑料护口(电管用) DN150	个				12.3600
	01090110	圆钢 ϕ5.5～9	kg	0.7980	2.4040	4.3100	4.9600
	03017206	半圆头镀锌螺栓连母垫 M4～6×10～25	套	0.6180			
	03017211	半圆头镀锌螺栓连母垫 M6～12×12～50	10 套	21.8816	14.4240	10.2000	10.2000
	03018171	膨胀螺栓(钢制) M6	套		4.0800		
	03018173	膨胀螺栓(钢制) M10	套			4.0800	4.0800
	03018807	塑料膨胀管(尼龙胀管) M6～8	个	6.1800			
	03130114	电焊条 J422 ϕ3.2	kg	0.7740	1.0840	1.3600	1.6300
	03152513	镀锌铁丝 14#～16#	kg	0.6600	0.6600	0.6600	0.7900
	03210203	硬质合金冲击钻头 ϕ6～8	根		0.0810		
	03210209	硬质合金冲击钻头 ϕ10～12	根			0.0510	0.0510
	13011011	清油 C01-1	kg	0.3000	0.6260	1.1860	1.9780
	13050201	铅油	kg	0.6900	1.3960	2.3480	3.0620
	13050511	醇酸防锈漆 C53-1	kg	2.1360	4.2380	9.2040	15.2660
	13053111	沥青清漆	kg	0.2120	0.6100	0.9880	1.3280
	14050111	溶剂油 200#	kg	0.5280	1.0440	2.2460	3.7260
	X0045	其他材料费	%	0.7500	1.2900	1.1000	1.5000
机械	99190750	管子切断套丝机 ϕ159	台班		0.0440	0.1100	0.4460
	99190830	电动煨弯机 ϕ100	台班	0.0180	0.0970	0.2780	
	99190850	电动煨弯机 ϕ500～1800	台班				0.9040
	99250010	交流弧焊机 21kV·A	台班	0.3980	0.5660	0.7100	0.8500

工作内容：1，2，3. 配管、接线盒(箱)安装、接地、刷油、气密性试验。
4. 管沟挖填土、管道安装、接地、刷油。

定额编号				B-1-10-45	B-1-10-46	B-1-10-47	B-1-10-48
项目				防爆钢管敷设			埋地钢管敷设
				公称直径(mm 以内)			
				32	50	100	32
名称			单位	100m	100m	100m	100m
人工	00050101	综合人工 安装	工日	12.0210	16.4130	30.4080	26.3700
材料	Z29060031	镀锌焊接钢管(电管)	m	(103.0000)	(103.0000)	(103.0000)	(103.0000)
	Z18151270	防爆活接头	个	(22.7000)			
	29110111	接线盒(箱) 铸铁	个	3.0600	3.0600	3.0600	
	18151213	镀锌活接头 DN25	个	1.5520			
	18151214	镀锌活接头 DN32	个	3.1040			
	18252311	镀锌钢管卡子 DN15	个	24.7440			
	18252312	镀锌钢管卡子 DN20	个	24.7440			
	18252313	镀锌钢管卡子 DN25	个	17.1180			
	18252314	镀锌钢管卡子 DN32	个	34.2360			
	18252315	镀锌钢管卡子 DN40	个		30.7320		
	18252316	镀锌钢管卡子 DN50	个		40.8420		
	18252317	镀锌钢管卡子 DN65	个			10.3100	
	18252318	镀锌钢管卡子 DN80	个			20.6200	
	18252319	镀锌钢管卡子 DN100	个			20.6200	
	29061211	镀锌电管外接头 DN15	个	3.3040			3.3040
	29061212	镀锌电管外接头 DN20	个	3.3040			3.3040
	29061213	镀锌电管外接头 DN25	个	3.3040			4.9560
	29061214	镀锌电管外接头 DN32	个	6.6080			4.9560
	29061215	镀锌电管外接头 DN40	个		6.6080		
	29061216	镀锌电管外接头 DN50	个		9.9120		
	29061217	镀锌电管外接头 DN65	个			3.1040	
	29061218	镀锌电管外接头 DN80	个			6.2080	
	29061219	镀锌电管外接头 DN100	个			6.2080	
	29062551	镀锌锁紧螺母 M15	个				2.0420
	29062552	镀锌锁紧螺母 M20	个				2.0420
	29062553	镀锌锁紧螺母 M25	个				2.4030
	29062554	镀锌锁紧螺母 M32	个				2.4030

（续表）

定额编号				B-1-10-45	B-1-10-46	B-1-10-47	B-1-10-48
项目				防爆钢管敷设		埋地钢管敷设	
				公称直径(mm 以内)			
				32	50	100	32
名称			单位	100m	100m	100m	100m
材料	29063211	塑料护口(电管用) DN15	个	6.3760			2.0420
	29063212	塑料护口(电管用) DN20	个	6.3760			2.0420
	29063213	塑料护口(电管用) DN25	个	3.1040			2.4630
	29063214	塑料护口(电管用) DN32	个	6.2080			2.4630
	29063215	塑料护口(电管用) DN40	个		6.2080		
	29063216	塑料护口(电管用) DN50	个		9.3120		
	29063217	塑料护口(电管用) DN65	个			3.1040	
	29063218	塑料护口(电管用) DN80	个			6.2080	
	29063219	塑料护口(电管用) DN100	个			6.2080	
	29175211	镀锌地线夹 ϕ15	套				9.6900
	29175212	镀锌地线夹 ϕ20	套				9.6900
	29175213	镀锌地线夹 ϕ25	套				14.5350
	29175214	镀锌地线夹 ϕ32	套				14.5350
	03011120	木螺钉 M4×65 以下	10 个	10.2020	3.4550		
	03017206	半圆头镀锌螺栓连母垫 M4～6×10～25	套	0.6180	0.6180	0.6180	
	03017210	半圆头镀锌螺栓连母垫 M6～8×12～30	10 套	9.9800	6.7550	5.1050	
	03018171	膨胀螺栓(钢制) M6	套		33.5500	51.0500	
	03018807	塑料膨胀管(尼龙胀管) M6～8	个	113.8660	42.5150	6.1800	
	03152513	镀锌铁丝 14#～16#	kg	0.6600	0.6600	0.6600	0.4000
	03210203	硬质合金冲击钻头 ϕ6～8	根	0.7000	0.5100	0.2240	
	13010211	醇酸清漆	kg	0.3800	0.6600	1.1800	
	13010411	醇酸磁漆	kg				0.2900
	13050201	铅油	kg	1.0800	1.8400	2.7800	0.7600
	14050121	油漆溶剂油	kg	0.7200	1.2800	2.2800	0.2600
	14090601	电力复合酯	kg	0.5600	0.7000	0.8400	
	X0045	其他材料费	%	2.0100	2.0100	2.0100	3.5000
机械	99070530	载重汽车 5t	台班				0.1350
	99190750	管子切断套丝机 ϕ159	台班	0.0660	0.1100	0.1940	
	99190830	电动煨弯机 ϕ100	台班	0.0660	0.1100	0.2650	0.0330

工作内容:管沟挖填土、管道安装、接地、刷油。

定额编号				B-1-10-49	B-1-10-50	B-1-10-51
项目				埋地钢管敷设		
				公称直径(mm 以内)		
				50	100	150
名称			单位	100m	100m	100m
人工	00050101	综合人工 安装	工日	30.3480	40.7880	58.4820
材料	Z29060031	镀锌焊接钢管(电管)	m	(103.0000)	(103.0000)	(103.0000)
	29061215	镀锌电管外接头 DN40	个	6.6080		
	29061216	镀锌电管外接头 DN50	个	9.9120		
	29061217	镀锌电管外接头 DN65	个		1.5520	
	29061218	镀锌电管外接头 DN80	个		4.6560	
	29061219	镀锌电管外接头 DN100	个		9.3120	
	29061220	镀锌电管外接头 DN125	个			3.2840
	29061221	镀锌电管外接头 DN150	个			4.9260
	29062555	镀锌锁紧螺母 M40	个	3.2040		
	29062556	镀锌锁紧螺母 M50	个	4.8060		
	29062557	镀锌锁紧螺母 M65	个		0.8010	
	29062558	镀锌锁紧螺母 M80	个		2.4030	
	29062559	镀锌锁紧螺母 M100	个		4.8060	
	29063215	塑料护口(电管用) DN40	个	3.2840		
	29063216	塑料护口(电管用) DN50	个	4.9260		
	29063217	塑料护口(电管用) DN65	个		0.8210	
	29063218	塑料护口(电管用) DN80	个		2.4630	
	29063219	塑料护口(电管用) DN100	个		4.9260	
	29175215	镀锌地线夹 ϕ40	套	25.5840		
	29175216	镀锌地线夹 ϕ50	套	38.3760		
	29175217	镀锌地线夹 ϕ65	套		6.1860	
	29175218	镀锌地线夹 ϕ80	套		18.5580	
	29175219	镀锌地线夹 ϕ100	套		37.1160	
	29175220	镀锌地线夹 ϕ125	套			6.6080
	29175221	镀锌地线夹 ϕ150	套			9.9120
	03152513	镀锌铁丝 14#～16#	kg	0.4000	0.4000	0.4000
	13010411	醇酸磁漆	kg	0.5600	1.0000	1.5200
	13050201	铅油	kg	1.3800	2.2400	3.3000
	14050121	油漆溶剂油	kg	0.4600	0.9100	1.4200
	X0045	其他材料费	%	3.5000	3.5000	3.3000
机械	99070530	载重汽车 5t	台班	0.1350	0.1350	0.1350
	99190750	管子切断套丝机 ϕ159	台班	0.0660	0.1100	0.5300
	99190830	电动煨弯机 ϕ100	台班	0.1100	0.3200	
	99190850	电动煨弯机 ϕ500～1800	台班			0.6300

三、PVC阻燃塑料管敷设

工作内容：配管、接线盒(箱)安装、支架制作安装及刷油。

定　额　编　号				B-1-10-52	B-1-10-53	B-1-10-54	B-1-10-55
项　　目				PVC阻燃塑料管敷设			
				公称直径(mm以内)			
				15	20	25	32
名　　称			单位	100m	100m	100m	100m
人工	00050101	综合人工 安装	工日	6.0411	6.6027	6.7926	7.7920
材料	Z29060601	聚氯乙烯易弯电线管	m	(31.8000)	(31.8000)	(31.8000)	(31.8000)
	Z29060711	刚性阻燃塑料电线管	m	(74.2000)	(74.2000)	(74.2000)	(74.2000)
	29110101-1	接线箱 半周长500mm	个				1.0000
	29110201	接线盒	个	3.0600	3.0600	3.0600	
	29061321	难燃塑料管接头 DN15	个	17.6000			
	29061322	难燃塑料管接头 DN20	个		17.6000		
	29061323	难燃塑料管接头 DN25	个			17.6000	
	29061324	难燃塑料管接头 DN32	个				17.6000
	29061331	难燃塑料管弯头 DN15	个	0.2100			
	29061332	难燃塑料管弯头 DN20	个		0.2100		
	29061333	难燃塑料管弯头 DN25	个			0.2100	
	29061334	难燃塑料管弯头 DN32	个				0.2100
	29061341	难燃塑料管三通 DN15	个	0.3200			
	29061342	难燃塑料管三通 DN20	个		0.3200		
	29061343	难燃塑料管三通 DN25	个			0.3200	
	29061344	难燃塑料管三通 DN32	个				0.3200
	29061351	难燃塑料管伸缩接头 DN15	个	0.2100			
	29061352	难燃塑料管伸缩接头 DN20	个		0.2100		
	29061353	难燃塑料管伸缩接头 DN25	个			0.2100	
	29061354	难燃塑料管伸缩接头 DN32	个				0.2100
	29062111	易弯塑料管入盒接头及锁扣 DN15	个	12.0000			
	29062112	易弯塑料管入盒接头及锁扣 DN20	个		12.0000		
	29062113	易弯塑料管入盒接头及锁扣 DN25	个			10.7130	
	29062114	易弯塑料管入盒接头及锁扣 DN32	个				10.7130
	29062911	管卡子(塑料管用) DN15	个	25.2000			
	29062912	管卡子(塑料管用) DN20	个		25.2000		

（续表）

定额编号				B-1-10-52	B-1-10-53	B-1-10-54	B-1-10-55
项目				PVC 阻燃塑料管敷设			
				公称直径(mm 以内)			
				15	20	25	32
名称			单位	100m	100m	100m	100m
材料	29062913	管卡子(塑料管用) DN25	个			25.2000	
	29062914	管卡子(塑料管用) DN32	个				25.2000
	29062921	管卡子(难燃管用) DN15	个	16.8170			
	29062922	管卡子(难燃管用) DN20	个		16.8170		
	29062923	管卡子(难燃管用) DN25	个			12.1920	
	29062924	管卡子(难燃管用) DN32	个				12.1920
	29063411	易弯塑料管管接头 DN15	只	5.0010			
	29063412	易弯塑料管管接头 DN20	只		5.0010		
	29063413	易弯塑料管管接头 DN25	只			4.2840	
	29063414	易弯塑料管管接头 DN32	只				4.2840
	01150103	热轧型钢 综合	kg	6.9930	6.9930	6.9930	6.9930
	03011120	木螺钉 M4×65 以下	10 个	3.3330	3.3330	2.4120	2.4120
	03014292	镀锌六角螺栓连母垫 M10×70	10 套	0.4196	0.4196	0.4196	0.4196
	03017211	半圆头镀锌螺栓连母垫 M6～12×12～50	10 套	5.1900	5.1900	5.1900	5.1900
	03018807	塑料膨胀管(尼龙胀管) M6～8	个	32.5330	32.5330	25.5460	25.5460
	03110215	尼龙砂轮片 ϕ400	片	0.0366	0.0366	0.0366	0.0366
	03130114	电焊条 J422 ϕ3.2	kg	0.1865	0.1865	0.1865	0.1865
	03152513	镀锌铁丝 14#～16#	kg	0.2500	0.2500	0.2500	0.2500
	03210203	硬质合金冲击钻头 ϕ6～8	根	0.2300	0.2300	0.1600	0.1600
	04010614	普通硅酸盐水泥 P·O 32.5 级	kg	0.4500	0.4500	0.4500	
	04030123	黄砂 中粗	m^3	0.0009	0.0009	0.0009	
	13010101	调和漆	kg	0.1066	0.1066	0.1066	0.1066
	13011011	清油 C01-1	kg	0.0400	0.0400	0.0400	0.0400
	13050511	醇酸防锈漆 C53-1	kg	0.1379	0.1379	0.1379	0.1379
	13053101	沥青漆	kg				0.0740
	14050111	溶剂油 200#	kg	0.0360	0.0360	0.0360	0.0360
	14050201	松香水	kg	0.0333	0.0333	0.0333	0.0333
	14411801	胶粘剂	kg	0.0940	0.0970	0.1000	0.1030
	X0045	其他材料费	%	2.5000	2.6100	2.6700	2.7000
机械	99230170	砂轮切割机 ϕ400	台班	0.0133	0.0133	0.0133	0.0133
	99250010	交流弧焊机 21kV·A	台班	0.0919	0.0919	0.0919	0.0919

工作内容：1. 配管、接线盒(箱)安装、砖墙刨沟、支架制作安装及刷油。
2，3，4. 配管、接线盒(箱)安装、支架制作安装及刷油。

定　额　编　号				B-1-10-56	B-1-10-57	B-1-10-58	B-1-10-59
项　　目				PVC 阻燃塑料管敷设			
				公称直径(mm 以内)			
				40	50	70	80
名　　称			单位	100m	100m	100m	100m
人工	00050101	综合人工 安装	工日	8.0863	8.2777	9.2819	9.6396
材料	Z29060601	聚氯乙烯易弯电线管	m	(31.8000)	(31.8000)	(31.8000)	
	Z29060711	刚性阻燃塑料电线管	m	(74.2000)	(74.2000)	(74.2000)	(106.0000)
	29110101-1	接线箱 半周长 500mm	个	1.0000	1.0000		
	29110101-2	接线箱 半周长 700mm	个			1.0000	1.0000
	29061325	难燃塑料管接头 DN40	个	17.6000			
	29061326	难燃塑料管接头 DN50	个		17.6000		
	29061327	难燃塑料管接头 DN65	个			17.6000	
	29061328	难燃塑料管接头 DN80	个				25.3490
	29061335	难燃塑料管弯头 DN40	个	0.2100			
	29061336	难燃塑料管弯头 DN50	个		0.2100		
	29061337	难燃塑料管弯头 DN65	个			0.2100	
	29061338	难燃塑料管弯头 DN80	个				0.2100
	29061345	难燃塑料管三通 DN40	个	0.3200			
	29061346	难燃塑料管三通 DN50	个		0.3200		
	29061347	难燃塑料管三通 DN65	个			0.3200	
	29061348	难燃塑料管三通 DN80	个				0.3200
	29061355	难燃塑料管伸缩接头 DN40	个	0.2100			
	29061356	难燃塑料管伸缩接头 DN50	个		0.2100		
	29061357	难燃塑料管伸缩接头 DN65	个			0.2100	
	29061358	难燃塑料管伸缩接头 DN80	个				0.2100
	29062115	易弯塑料管入盒接头及锁扣 DN40	个	10.7130			
	29062116	易弯塑料管入盒接头及锁扣 DN50	个		9.3750		
	29062117	易弯塑料管入盒接头及锁扣 DN70	个			9.3750	
	29062915	管卡子(塑料管用) DN40	个	25.2000			

（续表）

定额编号				B-1-10-56	B-1-10-57	B-1-10-58	B-1-10-59
项目				PVC 阻燃塑料管敷设			
				公称直径(mm 以内)			
				40	50	70	80
名称			单位	100m	100m	100m	100m
材料	29062916	管卡子(塑料管用) DN50	个		25.2000		
	29062917	管卡子(塑料管用) DN65	个			19.2240	
	29062925	管卡子(难燃管用) DN40	个	8.5190			
	29062926	管卡子(难燃管用) DN50	个		8.5190		
	29062927	管卡子(难燃管用) DN65	个			6.4160	
	29062928	管卡子(难燃管用) DN80	个				6.6950
	29063415	易弯塑料管管接头 DN40	只	3.7500			
	29063416	易弯塑料管管接头 DN50	只		3.7500		
	29063417	易弯塑料管管接头 DN70	只			3.7500	
	01150103	热轧型钢 综合	kg	6.9930	6.9930	12.4425	
	03011120	木螺钉 M4×65 以下	10 个	1.6920	1.6920	1.2710	
	03014292	镀锌六角螺栓连母垫 M10×70	10 套	0.4196	0.4196	0.7466	
	03017211	半圆头镀锌螺栓连母垫 M6～12×12～50	10 套	5.1900	5.1900	3.9600	
	03018171	膨胀螺栓(钢制) M6	套				13.2600
	03018807	塑料膨胀管(尼龙胀管) M6～8	个	17.8380	17.8380	13.4330	
	03110215	尼龙砂轮片 ϕ400	片	0.0366	0.0366	0.0652	
	03130114	电焊条 J422 ϕ3.2	kg	0.1865	0.1865	0.3318	
	03152513	镀锌铁丝 14#～16#	kg	0.2500	0.2500	0.2500	0.2500
	03210204	硬质合金冲击钻头 ϕ6～12	根	0.1100	0.1100	0.0400	0.0880
	03211001	钢锯条	根				0.1500
	13010101	调和漆	kg	0.1066	0.1066	0.1896	
	13011011	清油 C01-1	kg	0.0400	0.0400	0.0711	
	13050511	醇酸防锈漆 C53-1	kg	0.1379	0.1379	0.2453	
	13053101	沥青漆	kg	0.0740	0.0740	0.0740	0.0740
	14050111	溶剂油 200#	kg	0.0360	0.0360	0.0640	
	14050201	松香水	kg	0.0333	0.0333	0.0592	
	14411801	胶粘剂	kg	0.1220	0.1250	0.1880	0.2500
	X0045	其他材料费	%	2.8600	2.9200	2.6900	2.0500
机械	99230170	砂轮切割机 ϕ400	台班	0.0133	0.0133	0.0237	
	99250010	交流弧焊机 21kV·A	台班	0.0919	0.0919	0.1635	

工作内容：1. 配管、接线盒(箱)安装、支架制作安装及刷油。
2，3，4. 管沟挖填土、管道安装。

定额编号				B-1-10-60	B-1-10-61	B-1-10-62	B-1-10-63
项目				PVC阻燃塑料管敷设	埋地塑料管敷设		
				公称直径(mm以内)			
				100	32	50	100
名称			单位	100m	100m	100m	100m
人工	00050101	综合人工 安装	工日	10.4720	26.3880	27.1980	27.6660
材料	Z29060711	刚性阻燃塑料电线管	m	(106.0000)	(106.0000)	(106.0000)	(106.0000)
	29110101-3	接线箱 半周长1000mm	个	1.0000			
	29061321	难燃塑料管接头 DN15	个		4.1240		
	29061322	难燃塑料管接头 DN20	个		4.1240		
	29061323	难燃塑料管接头 DN25	个		0.7860		
	29061324	难燃塑料管接头 DN32	个		6.1860		
	29061325	难燃塑料管接头 DN40	个			8.2480	
	29061326	难燃塑料管接头 DN50	个			12.3720	
	29061327	难燃塑料管接头 DN65	个				8.2480
	29061328	难燃塑料管接头 DN80	个				12.3720
	29061329	难燃塑料管接头 DN100	个	25.3490			
	29061339	难燃塑料管弯头 DN100	个	0.2100			
	29061349	难燃塑料管三通 DN100	个	0.3200			
	29061359	难燃塑料管伸缩接头 DN100	个	0.2100			
	29062929	管卡子(难燃管用) DN100	个	6.6950			
	03018171	膨胀螺栓(钢制) M6	套	13.2600			
	03152513	镀锌铁丝 $14^{\#}\sim16^{\#}$	kg	0.2500	0.4000	0.4000	0.4000
	03210204	硬质合金冲击钻头 $\phi6\sim12$	根	0.0880			
	13053101	沥青漆	kg	0.1330			
	14411801	胶粘剂	kg	0.5700	0.1000	0.1000	0.2000
	X0045	其他材料费	%	2.0700	2.0000	2.0000	2.0000
机械	99070530	载重汽车 5t	台班		0.1350	0.1350	0.1350

四、电缆桥架(线槽)安装

工作内容:1，2，3. 线槽安装、吊支架制作安装、支架刷油。

4. 线槽安装、吊支架制作安装、支架刷油、接地、防火封堵。

定额编号				B-1-10-64	B-1-10-65	B-1-10-66	B-1-10-67
项目				塑料线槽		钢线槽、槽式桥架、托盘安装	
				线槽宽度(mm 以内)		宽+高(mm 以内)	
				40	100	150	400
名称			单位	10m	10m	10m	10m
人工	00050101	综合人工 安装	工日	1.2558	1.6523	2.0443	3.5638
材料	Z29010101	电缆桥架	m				(10.0000)
	Z29030201	塑料线槽	m	(10.5000)	(10.5000)	(10.5000)	
	Z09110101	防火板	m^2				(0.0456)
	Z23170101	防火堵料	m^3				(0.0126)
	01150103	热轧型钢 综合	kg	11.4618	13.8390	15.8130	24.1290
	01210115	等边角钢 45～50	kg				0.0215
	03011120	木螺钉 M4×65 以下	10 个	3.0400	2.6440	2.0400	
	03014292	镀锌六角螺栓连母垫 M10×70	10 套	0.6877	0.8303	0.9488	1.4477
	03014651	精制六角螺栓连母垫 M6×25～75	10 套				0.3440
	03018171	膨胀螺栓(钢制) M6	套		6.0000	10.0000	
	03018172	膨胀螺栓(钢制) M8	套				0.1118
	03018807	塑料膨胀管(尼龙胀管) M6～8	个	30.0000	26.0000	20.0000	
	03110212	尼龙砂轮片 ϕ100	片				0.0100
	03110215	尼龙砂轮片 ϕ400	片	0.0491	0.0593	0.0678	0.1077
	03110222	金刚石砂轮片 ϕ400	片				0.0100
	03130114	电焊条 J422 ϕ3.2	kg	0.1310	0.1582	0.1807	0.5285
	03150106	圆钉 $L<70$	kg				0.0076
	03210203	硬质合金冲击钻头 ϕ6～8	根	0.2000	0.2080	0.2000	
	03210211	硬质合金冲击钻头 ϕ14～16	根				0.0013
	05030102	一般木成材	m^3				0.0011
	10010312	轻钢竖龙骨 QC75	m				0.2687
	13010101	调和漆	kg	0.1528	0.1845	0.2108	0.3677
	13011011	清油 C01-1	kg	0.0655	0.0791	0.0904	0.1379
	13050511	醇酸防锈漆 C53-1	kg	0.1932	0.2333	0.2666	0.4642
	13050611	酚醛防锈漆(红丹) F53-31	kg				0.1120
	14030101	汽油	kg				0.0920
	14050111	溶剂油 200#	kg	0.0480	0.0580	0.0663	0.1241
	14050201	松香水	kg	0.0546	0.0659	0.0753	0.1149
	28010115	裸铜线 25mm²	m				2.2500
	29090216	铜接线端子 DT-25	个				10.2000
	34110101	水	m^3				0.0096
	X0045	其他材料费	%	0.6300	0.9900	0.8000	3.5700
机械	99070530	载重汽车 5t	台班				0.0160
	99210010	木工圆锯机 ϕ500	台班				0.0012
	99230170	砂轮切割机 ϕ400	台班	0.0218	0.0264	0.0301	0.0564
	99250010	交流弧焊机 21kV·A	台班	0.0710	0.0857	0.0979	0.2873

工作内容:1，2，3. 线槽安装、吊支架制作安装、支架刷油、接地、防火封堵。
4. 桥架安装、吊支架制作安装、支架刷油。

定额编号				B-1-10-68	B-1-10-69	B-1-10-70	B-1-10-71
项目				钢线槽、槽式桥架、托盘安装			开放式网络桥架安装
				宽＋高(mm 以内)			宽＋高×2(mm 以内)
				800	1200	1500	450
名称			单位	10m	10m	10m	10m
人工	00050101	综合人工 安装	工日	7.0946	10.5221	13.0801	1.1100
材料	Z29010101	电缆桥架	m	(10.0000)	(10.0000)	(10.0000)	(10.2000)
	Z09110101	防火板	m^2	(0.1092)	(0.1516)	(0.2088)	
	Z23170101	防火堵料	m^3	(0.0294)	(0.0326)	(0.0378)	
	01150103	热轧型钢 综合	kg	40.6665	70.7070	89.5230	
	01210115	等边角钢 45～50	kg	0.0515	0.0715	0.0985	
	03014292	镀锌六角螺栓连母垫 M10×70	10 套	2.4400	4.2424	5.3714	
	03014651	精制六角螺栓连母垫 M6×25～75	10 套	0.8240	1.1440	1.5760	
	03018172	膨胀螺栓(钢制) M8	套	0.2678	0.3718	0.5122	
	03110212	尼龙砂轮片 ϕ100	片	0.0200	0.0300	0.0300	0.0100
	03110215	尼龙砂轮片 ϕ400	片	0.1846	0.2500	0.3181	
	03110222	金刚石砂轮片 ϕ400	片	0.0200	0.0360	0.0400	
	03130114	电焊条 J422 ϕ3.2	kg	1.0048	1.7201	2.2915	
	03150106	圆钉 $L<70$	kg	0.0176	0.0195	0.0227	
	03210203	硬质合金冲击钻头 ϕ6～8	根				0.0720
	03210211	硬质合金冲击钻头 ϕ14～16	根	0.0031	0.0043	0.0059	
	05030102	一般木成材	m^3	0.0025	0.0028	0.0032	
	10010312	轻钢竖龙骨 QC75	m	0.6438	0.8938	1.2312	
	13010101	调和漆	kg	0.6197	1.0438	1.3215	
	13011011	清油 C01-1	kg	0.2324	0.4040	0.5116	
	13050511	醇酸防锈漆 C53-1	kg	0.7823	1.2929	1.6370	
	13050611	酚醛防锈漆(红丹) F53-31	kg	0.1500	0.2300	0.3000	
	14030101	汽油	kg	0.2600	0.4606	0.7010	
	14050111	溶剂油 200#	kg	0.2091	0.3300	0.4178	
	14050201	松香水	kg	0.1936	0.3367	0.4263	
	28010115	裸铜线 $25mm^2$	m	2.2500	2.2500	2.2500	
	28030515	铜芯聚氯乙烯软线 BVR-$6mm^2$	m				2.2500
	29090213	铜接线端子 DT-6	个				10.5000
	29090216	铜接线端子 DT-25	个	10.2000	10.2000	10.2000	
	34110101	水	m^3	0.0224	0.0248	0.0288	
	X0045	其他材料费	%	2.8200	3.5800	3.5900	4.5000
机械	99070530	载重汽车 5t	台班	0.0360	0.0660	0.0700	0.0100
	99090360	汽车式起重机 8t	台班	0.0120	0.0420	0.0600	
	99210010	木工圆锯机 ϕ500	台班	0.0028	0.0031	0.0036	
	99230170	砂轮切割机 ϕ400	台班	0.0885	0.1224	0.1599	
	99250010	交流弧焊机 21kV·A	台班	0.4841	0.7407	1.3379	
	99250140	直流弧焊机 20kW	台班	0.0380	0.1020	0.1400	

工作内容：桥架安装、吊支架制作安装、支架刷油。

定额编号				B-1-10-72
项目				开放式网络桥架安装
				宽+高×2(mm以内)
				900
名称			单位	10m
人工	00050101	综合人工 安装	工日	3.4600
材料	Z29010101	电缆桥架	m	(10.2000)
	03110212	尼龙砂轮片 ϕ100	片	0.0260
	28030515	铜芯聚氯乙烯软线 BVR-6mm²	m	2.2200
	29090213	铜接线端子 DT-6	个	10.5000
	X0045	其他材料费	%	4.5000
机械	99070530	载重汽车 5t	台班	0.0160

五、配　　线

工作内容：管内穿线、线槽配线。

定额编号				B-1-10-73	B-1-10-74	B-1-10-75	B-1-10-76
项目				管和线槽内配线			
				导线截面(mm² 以内)			
				1.5	2.5	4	6
名称			单位	100m	100m	100m	100m
人工	00050101	综合人工 安装	工日	0.7200	0.7560	0.7020	0.7740
材料	Z28030101	绝缘导线	m	(107.7920)	(107.7920)	(104.9000)	(102.8360)
	01030117	钢丝 ϕ1.6～2.6	kg	0.0360	0.0360	0.0360	0.0360
	03131901	焊锡	kg	0.0800	0.0800	0.0800	0.0480
	03131941	焊锡膏 50g/瓶	kg	0.0040	0.0040	0.0040	0.0040
	03152513	镀锌铁丝 14#～16#	kg	0.0360	0.0360	0.0360	0.0360
	14030101	汽油	kg	0.2000	0.2000	0.2000	0.2400
	27170311	黄漆布带 20×40m	卷	0.0800	0.1000	0.0800	0.1800
	27170416	电气绝缘胶带(PVC) 18×20m	卷	0.1600	0.1600	0.1000	0.3600
	29174011	尼龙扎带 L100～150	根	6.0000	6.0000	6.0000	6.0000
	34130112	塑料扁形标志牌	个	3.6000	3.6000	3.6000	3.6000
	X0045	其他材料费	%	8.2200	8.2200	8.2100	5.3900

工作内容：管内穿线、线槽配线。

定额编号				B-1-10-77	B-1-10-78	B-1-10-79	B-1-10-80
项目				管和线槽内配线			
				导线截面(mm² 以内)			
				16	35	70	95
名称			单位	100m	100m	100m	100m
人工	00050101	综合人工 安装	工日	0.9180	1.1520	1.8000	3.1140
材料	Z28030101	绝缘导线	m	(102.8360)	(102.9800)	(103.0360)	(102.5920)
	01030117	钢丝 ϕ1.6～2.6	kg	0.0520	0.0560	0.0960	0.0960
	03131901	焊锡	kg	0.0520	0.0600	0.0640	0.0720
	03131941	焊锡膏 50g/瓶	kg	0.0080	0.0120	0.0160	0.0200
	03152513	镀锌铁丝 14#～16#	kg	0.0360	0.0360	0.0360	0.0360
	14030101	汽油	kg	0.2800	0.3200	0.3600	0.3600
	27170311	黄漆布带 20×40m	卷	0.2000	0.2200	0.2400	0.2600
	27170416	电气绝缘胶带(PVC) 18×20m	卷	0.4000	0.4400	0.4800	0.5200
	29174011	尼龙扎带 L100～150	根	6.0000	9.0000	9.0000	9.0000
	34130112	塑料扁形标志牌	个	3.6000	3.6000	3.6000	3.6000
	X0045	其他材料费	%	5.4100	5.4100	5.4200	5.4300

工作内容：管内穿线、线槽配线。

定额编号				B-1-10-81	B-1-10-82	B-1-10-83	B-1-10-84
项目				管和线槽内配线			
				导线截面(mm² 以内)			
				120	150	185	240
名称			单位	100m	100m	100m	100m
人工	00050101	综合人工 安装	工日	3.1500	4.6800	4.7880	8.5320
材料	Z28030101	绝缘导线	m	(102.5920)	(102.7320)	(102.7320)	(102.7760)
	01030117	钢丝 ϕ1.6～2.6	kg	0.1000	0.1000	0.1200	0.1320
	03131901	焊锡	kg	0.0760	0.0840	0.0880	0.0960
	03131941	焊锡膏 50g/瓶	kg	0.0240	0.0280	0.0320	0.0360
	03152513	镀锌铁丝 14#～16#	kg	0.0360	0.0360	0.0360	0.0360
	14030101	汽油	kg	0.3600	0.4000	0.4000	0.4400
	27170311	黄漆布带 20×40m	卷	0.2800	0.3000	0.3200	0.3600
	27170416	电气绝缘胶带(PVC) 18×20m	卷	0.5600	0.6000	0.6400	0.7200
	29174011	尼龙扎带 L100～150	根	9.0000	9.0000	9.0000	12.0000
	34130112	塑料扁形标志牌	个	3.6000	3.6000	3.6000	3.6000
	X0045	其他材料费	%	5.4300	5.4400	5.4400	5.4500

工作内容:管内穿线、线槽配线。

定额编号				B-1-10-85
项目				管和线槽内配线
				导线截面(mm² 以内)
				400
名称			单位	100m
人工	00050101	综合人工 安装	工日	12.4498
材料	Z28030101	绝缘导线	m	(102.7760)
	01030117	钢丝 ϕ1.6～2.6	kg	0.1320
	03131901	焊锡	kg	0.1200
	03131941	焊锡膏 50g/瓶	kg	0.0400
	03152513	镀锌铁丝 14#～16#	kg	0.0360
	14030101	汽油	kg	0.4800
	27170311	黄漆布带 20×40m	卷	0.3800
	27170416	电气绝缘胶带(PVC) 18×20m	卷	0.7600
	29174011	尼龙扎带 L100～150	根	12.0000
	34130112	塑料扁形标志牌	个	3.6000
	X0045	其他材料费	%	5.4500

六、动力支路配管配线

工作内容:配管、配线(管内穿线、线槽配线)、接线箱(盒)安装、金属支架制作安装、接地。

定额编号				B-1-10-86	B-1-10-87	B-1-10-88	B-1-10-89
项目				动力支路配管配线			
				容量(kW 以内)			
				3	7.5	15	18.5
名称			单位	台	台	台	台
人工	00050101	综合人工 安装	工日	2.4139	2.3623	4.0965	4.1101
材料	Z28030215	铜芯聚氯乙烯绝缘线 BV-2.5mm²	m	(91.0524)			
	Z28030216	铜芯聚氯乙烯绝缘线 BV-4mm²	m		(85.4007)		
	Z28110101-1	电缆 电缆截面 16mm² 以下	m			(22.4624)	
	Z28110101-2	电缆 电缆截面 35mm² 以下	m				(22.4624)
	Z29060011-2	焊接钢管(电管) DN20	m	(16.0268)			
	Z29060011-3	焊接钢管(电管) DN25	m		(16.0268)		
	Z29060011-4	焊接钢管(电管) DN32	m			(16.0268)	(16.0268)
	Z29070801	户内热缩式电缆终端头	个			(2.0400)	(2.0400)
	29110201	接线盒	个	1.0200	1.0200	1.0200	1.0200

（续表）

定额编号				B-1-10-86	B-1-10-87	B-1-10-88	B-1-10-89
项目				动力支路配管配线			
				容量(kW 以内)			
				3	7.5	15	18.5
名称			单位	台	台	台	台
材料	29111501	接线箱盖板	块	1.0200	1.0200	1.0200	1.0200
	29060819	金属软管 DN20	m	0.8240			
	29060821	金属软管 DN32	m		0.8240		
	29060822	金属软管 DN40	m			0.8240	
	29060823	金属软管 DN50	m				0.8240
	29062212	金属软管接头 DN20	个	2.1424			
	29062214	金属软管接头 DN32	个		2.1424		
	29062215	金属软管接头 DN40	个			2.1424	
	29062216	金属软管接头 DN50	个				2.1424
	29062513	锁紧螺母(钢管用) M20	个	2.4040			
	29062514	锁紧螺母(钢管用) M25	个		2.4040		
	29062515	锁紧螺母(钢管用) M32	个			2.4040	2.4040
	29062812	管卡子(钢管用) DN20	个	19.2322			
	29062813	管卡子(钢管用) DN25	个		13.3022		
	29062814	管卡子(钢管用) DN32	个			13.3022	13.3022
	29063212	塑料护口(电管用) DN20	个	2.4040			
	29063213	塑料护口(电管用) DN25	个		2.4040		
	29063214	塑料护口(电管用) DN32	个			2.4040	2.4040
	29090215	铜接线端子 DT-16	个			2.0400	2.0400
	29090217	铜接线端子 DT-35	个			7.5200	7.5200
	18031112	钢制外接头 DN20	个	2.5643			
	18031113	钢制外接头 DN25	个		2.5643		
	18031114	钢制外接头 DN32	个			2.5643	2.5643
	01030117	钢丝 ϕ1.6～2.6	kg	0.0704	0.0704		
	01090110	圆钢 ϕ5.5～9	kg	0.1136	0.1400	0.1400	0.1400
	01130302	热轧镀锌扁钢	kg	1.5001	1.5001	1.5001	2.4000
	01130336	热轧镀锌扁钢 50～75	kg	0.1349	0.1349	0.1349	0.1349
	01150103	热轧型钢 综合	kg	0.2677	0.2677	0.2709	0.2709
	03011120	木螺钉 M4×65 以下	10 个	3.8838	2.6863	2.6863	2.6863
	03014223	镀锌六角螺栓连母垫 M10×40	10 套	0.0161	0.0161	0.0163	0.0163
	03017206	半圆头镀锌螺栓连母垫 M4～6×10～25	套	0.2060	0.2060	0.2060	0.2060
	03018807	塑料膨胀管(尼龙胀管) M6～8	个	39.2112	27.1211	80.4971	80.4971

（续表）

定额编号				B-1-10-86	B-1-10-87	B-1-10-88	B-1-10-89
项目				动力支路配管配线			
				容量(kW以内)			
				3	7.5	15	18.5
名称			单位	台	台	台	台
材料	03110215	尼龙砂轮片 ϕ400	片	0.0014	0.0014	0.0014	0.0014
	03130114	电焊条 J422 ϕ3.2	kg	0.1544	0.1871	0.1872	0.1872
	03131901	焊锡	kg	0.1563	0.1563	0.6000	0.6000
	03131941	焊锡膏 50g/瓶	kg	0.0078	0.0078	0.1200	0.1200
	03152513	镀锌铁丝 14#～16#	kg	0.1027	0.1027	0.1739	0.1739
	03210203	硬质合金冲击钻头 ϕ6～8	根	0.2583	0.1789	0.4747	0.4747
	04010614	普通硅酸盐水泥 P·O 32.5 级	kg	0.1500	0.1500	0.1500	0.1500
	04030123	黄砂 中粗	m^3	0.0003	0.0003	0.0003	0.0003
	13010101	调和漆	kg	0.0421	0.0421	0.0421	0.0421
	13011011	清油 C01-1	kg	0.0451	0.0575	0.0716	0.0716
	13050201	铅油	kg	0.0949	0.1354	0.1712	0.1712
	13050511	醇酸防锈漆 C53-1	kg	0.3165	0.4005	0.5048	0.5048
	13053111	沥青清漆	kg		0.0825	0.0825	0.0825
	14030101	汽油	kg	0.3908	0.3908	1.2000	1.2000
	14050111	溶剂油 200#	kg	0.0776	0.0994	0.1259	0.1259
	14050201	松香水	kg	0.0013	0.0013	0.0013	0.0013
	14090611	电力复合酯 一级	kg			0.0600	0.0600
	17010139	焊接钢管 DN40	m	0.0760	0.0760	0.0760	0.0760
	27170311	黄漆布带 20×40m	卷	0.1954	0.1563		
	27170416	电气绝缘胶带(PVC) 18×20m	卷	0.3127	0.1954		
	27170513	自粘性橡胶绝缘胶带 20×5m	卷			1.0000	1.0000
	27170611	相色带 20×20m	卷			0.2000	0.2000
	28010114	裸铜线 $16mm^2$	m			3.2000	3.2000
	29252681	镀锌电缆固定卡子 2×35	个			9.3242	9.3242
	29252801	电缆吊挂	套			1.5813	1.5813
	34130112	塑料扁形标志牌	个			1.3344	1.3344
	X0045	其他材料费	%	2.0600	5.3000	2.2100	2.2500
机械	99070530	载重汽车 5t	台班			0.0022	0.0022
	99090360	汽车式起重机 8t	台班			0.0022	0.0022
	99190830	电动煨弯机 ϕ100	台班		0.0070	0.0070	0.0070
	99230170	砂轮切割机 ϕ400	台班	0.0005	0.0005	0.0005	0.0005
	99250010	交流弧焊机 21kV·A	台班	0.0789	0.0976	0.0976	0.0976
	99350180	手动液压压接钳 YQ-150P×14	台班			0.1400	0.1400

工作内容：配管、配线(管内穿线、线槽配线)、接线箱(盒)安装、金属支架制作安装、接地。

定　额　编　号				B-1-10-90	B-1-10-91	B-1-10-92	B-1-10-93
项　　目				动力支路配管配线			
				容量(kW 以内)			
				22	37	55	75
名　　称			单位	台	台	台	台
人工	00050101	综合人工 安装	工日	4.9985	6.3487	8.9078	8.9515
材料	Z29060011-6	焊接钢管(电管) DN50	m	(16.0268)			
	Z29060011-7	焊接钢管(电管) DN65	m		(16.0268)		
	Z29060011-8	焊接钢管(电管) DN80	m			(16.0268)	(16.0268)
	Z28110101-2	电缆 电缆截面 35mm^2 以下	m	(22.4624)	(22.4624)		
	Z28110101-3	电缆 电缆截面 70mm^2 以下	m			(22.4624)	(22.4624)
	Z29070801	户内热缩式电缆终端头	个	(2.0400)	(2.0400)	(2.0400)	(2.0400)
	29110201	接线盒	个	1.0200	1.0200	1.0200	1.0200
	29111501	接线箱盖板	块	1.0200	1.0200	1.0200	1.0200
	29060824	金属软管 DN70	m	0.8240	0.8240		
	29060825	金属软管 DN80	m			0.8240	0.8240
	29062217	金属软管接头 DN70	个	2.1424	2.1424		
	29062218	金属软管接头 DN80	个			2.1424	2.1424
	29062517	锁紧螺母(钢管用) M50	个	2.4040			
	29062518	锁紧螺母(钢管用) M70	个		2.4040		
	29062519	锁紧螺母(钢管用) M80	个			2.4040	2.4040
	29062816	管卡子(钢管用) DN50	个	10.5777			
	29062817	管卡子(钢管用) DN70	个		8.0134		
	29062818	管卡子(钢管用) DN80	个			8.0134	8.0134
	29063216	塑料护口(电管用) DN50	个	2.4040			
	29063217	塑料护口(电管用) DN65	个		2.4040		
	29063218	塑料护口(电管用) DN80	个			2.4040	2.4040
	29090215	铜接线端子 DT-16	个	2.0400	2.0400	2.0400	2.0400
	29090217	铜接线端子 DT-35	个	7.5200	7.5200		
	29090220	铜接线端子 DT-95	个			7.5200	7.5200
	18031116	钢制外接头 DN50	个	2.5643			
	18031117	钢制外接头 DN65	个		2.4040		
	18031118	钢制外接头 DN80	个			2.4040	2.4040
	01090110	圆钢 ϕ5.5～9	kg	0.4326	0.6706	0.6706	0.6706
	01130302	热轧镀锌扁钢	kg	2.4000	2.4000	2.4000	2.4000
	01130336	热轧镀锌扁钢 50～75	kg	0.1349	0.1349	0.1349	0.1349
	01150103	热轧型钢 综合	kg	4.1318	4.1318	4.1318	4.6147
	03011120	木螺钉 M4×65 以下	10 个	1.0680			
	03014223	镀锌六角螺栓连母垫 M10×40	10 套	0.2479	0.2479	0.2479	0.2769

(续表)

定额编号				B-1-10-90	B-1-10-91	B-1-10-92	B-1-10-93
项目				动力支路配管配线			
				容量(kW 以内)			
				22	37	55	75
名称			单位	台	台	台	台
材料	03017206	半圆头镀锌螺栓连母垫 M4～6×10～25	套	0.2060	0.2060	0.2060	0.2060
	03018171	膨胀螺栓(钢制) M6	套	10.4750	15.8712	15.8712	15.8712
	03018173	膨胀螺栓(钢制) M10	套			3.1136	3.1136
	03018807	塑料膨胀管(尼龙胀管) M6～8	个	64.1591	53.3760		
	03110215	尼龙砂轮片 ϕ400	片	0.0216	0.0216	0.0216	0.0242
	03130114	电焊条 J422 ϕ3.2	kg	0.3259	0.3617	0.3617	0.3746
	03131901	焊锡	kg	0.6000	0.6000	0.7000	0.7000
	03131941	焊锡膏 50g/瓶	kg	0.1200	0.1200	0.1400	0.1400
	03152513	镀锌铁丝 14#～16#	kg	0.1739	0.1739	0.1917	0.1917
	03210203	硬质合金冲击钻头 ϕ6～8	根	0.4389	0.4016	0.1058	0.1058
	03210209	硬质合金冲击钻头 ϕ10～12	根			0.0200	0.0200
	04010614	普通硅酸盐水泥 P·O 32.5 级	kg	0.1500	0.1500	0.1500	0.1500
	04030123	黄砂 中粗	m^3	0.0003	0.0003	0.0003	0.0003
	13010101	调和漆	kg	0.1010	0.1010	0.1010	0.1083
	13011011	清油 C01-1	kg	0.1279	0.1683	0.1745	0.1773
	13050201	铅油	kg	0.2536	0.3205	0.3299	0.3299
	13050511	醇酸防锈漆 C53-1	kg	0.8595	1.2298	1.2485	1.2580
	13053111	沥青清漆	kg	0.0980	0.1369	0.1385	0.1385
	14030101	汽油	kg	1.2000	1.2000	1.9200	1.9200
	14050111	溶剂油 200#	kg	0.2126	0.2998	0.3200	0.3225
	14050201	松香水	kg	0.0197	0.0197	0.0197	0.0220
	14090611	电力复合酯 一级	kg	0.0600	0.0600	0.1000	0.1000
	17010139	焊接钢管 DN40	m	0.0760	0.0760	0.0760	0.0760
	27170513	自粘性橡胶绝缘胶带 20×5m	卷	1.0000	1.0000	2.0000	2.0000
	27170611	相色带 20×20m	卷	0.2000	0.2000	0.3200	0.3200
	28010114	裸铜线 16mm²	m	3.2000	3.2000	3.2000	3.2000
	29252681	镀锌电缆固定卡子 2×35	个	9.3242	9.3242	5.0930	5.0930
	29252687	镀锌电缆固定卡子 3×50	个			4.1200	4.1200
	29252801	电缆吊挂	套	1.5813	1.5813	1.4456	1.4456
	34130112	塑料扁形标志牌	个	1.3344	1.3344	1.3344	1.3344
	X0045	其他材料费	%	2.1700	1.7900	3.6300	1.7400
机械	99070530	载重汽车 5t	台班	0.0022	0.0022	0.0156	0.0156
	99090360	汽车式起重机 8t	台班	0.0022	0.0022	0.0156	0.0156
	99190750	管子切断套丝机 ϕ159	台班	0.0171	0.0171	0.0171	0.0171
	99190830	电动煨弯机 ϕ100	台班	0.0171	0.0171	0.0498	0.0498
	99230170	砂轮切割机 ϕ400	台班	0.0079	0.0079	0.0079	0.0088
	99250010	交流弧焊机 21kV·A	台班	0.1670	0.1857	0.1857	0.1920
	99350180	手动液压压接钳 YQ-150P×14	台班	0.1400	0.1400	0.2000	0.2000

工作内容：配管、配线(管内穿线、线槽配线)、接线箱(盒)安装、金属支架制作安装、接地。

定额编号				B-1-10-94
项目				动力支路配管配线
				容量(kW 以内)
				90
名称			单位	台
人工	00050101	综合人工 安装	工日	9.5089
材料	Z29060011-9	焊接钢管(电管) DN100	m	(16.0268)
	Z28110101-4	电缆 电缆截面 120mm² 以下	m	(22.4624)
	Z29070801	户内热缩式电缆终端头	个	(2.0400)
	29110201	接线盒	个	1.0200
	01090110	圆钢 ϕ5.5～9	kg	0.6706
	01130302	热轧镀锌扁钢	kg	2.4000
	01130336	热轧镀锌扁钢 50～75	kg	0.1349
	01150103	热轧型钢 综合	kg	4.6147
	03014223	镀锌六角螺栓连母垫 M10×40	10 套	0.2769
	03017206	半圆头镀锌螺栓连母垫 M4～6×10～25	套	0.2060
	03018171	膨胀螺栓(钢制) M6	套	15.8712
	03018173	膨胀螺栓(钢制) M10	套	3.1136
	03110215	尼龙砂轮片 ϕ400	片	0.0242
	03130114	电焊条 J422 ϕ3.2	kg	0.3746
	03131901	焊锡	kg	0.7000
	03131941	焊锡膏 50g/瓶	kg	0.1400
	03152513	镀锌铁丝 14#～16#	kg	0.2028
	03210203	硬质合金冲击钻头 ϕ6～8	根	0.1058
	03210209	硬质合金冲击钻头 ϕ10～12	根	0.0207
	04010614	普通硅酸盐水泥 P·O 32.5 级	kg	0.1500
	04030123	黄砂 中粗	m³	0.0003
	13010101	调和漆	kg	0.1083
	13011011	清油 C01-1	kg	0.2209
	13050201	铅油	kg	0.4232
	13050511	醇酸防锈漆 C53-1	kg	1.5941
	13053111	沥青清漆	kg	0.1774

(续表)

定额编号				B-1-10-94
项目				动力支路配管配线
				容量(kW 以内)
				90
名称			单位	台
材料	14030101	汽油	kg	1.9200
	14050111	溶剂油 200#	kg	0.3909
	14050201	松香水	kg	0.0220
	14090611	电力复合酯 一级	kg	0.1000
	17010139	焊接钢管 DN40	m	0.0760
	18031119	钢制外接头 DN100	个	2.4040
	27170513	自粘性橡胶绝缘胶带 20×5m	卷	2.0000
	27170611	相色带 20×20m	卷	0.3200
	28010114	裸铜线 16mm²	m	3.2000
	29060826	金属软管 DN100	m	0.8240
	29062219	金属软管接头 DN100	个	2.1424
	29062520	锁紧螺母(钢管用) M100	个	2.4040
	29062819	管卡子(钢管用) DN100	个	8.0134
	29063219	塑料护口(电管用) DN100	个	2.4040
	29090215	铜接线端子 DT-16	个	2.0400
	29090220	铜接线端子 DT-95	个	7.5200
	29111501	接线箱盖板	块	1.0200
	29252687	镀锌电缆固定卡子 3×50	个	9.0929
	29252801	电缆吊挂	套	1.4901
	34130112	塑料扁形标志牌	个	1.3344
	X0045	其他材料费	%	1.7300
机械	99070530	载重汽车 5t	台班	0.0156
	99090360	汽车式起重机 8t	台班	0.0156
	99190750	管子切断套丝机 ϕ159	台班	0.0171
	99190830	电动煨弯机 ϕ100	台班	0.0498
	99230170	砂轮切割机 ϕ400	台班	0.0088
	99250010	交流弧焊机 21kV·A	台班	0.1920
	99350180	手动液压压接钳 YQ-150P×14	台班	0.2000

七、照明支路配管配线

工作内容：配管、配线(管内穿线、线槽配线)、金属支架制作安装，开关、插座、接线盒、灯头盒、接线箱等安装，接地，砖墙刨沟。

定额编号				B-1-10-95	B-1-10-96	B-1-10-97
项目				照明支路配管配线		
				住宅		其他建筑
				钢管	塑料管	
名称			单位	m^2	m^2	m^2
人工	00050101	综合人工 安装	工日	0.2463	0.2564	0.1684
材料	Z29060011	焊接钢管(电管)DN20	m	(0.4375)	(0.4375)	(0.8322)
	Z29060011-2	焊接钢管(电管) DN25	m	(0.4141)	(0.4141)	(0.2081)
	Z29060031	镀锌焊接钢管(电管)DN20	m	(0.2184)	(0.2184)	(0.0608)
	Z29060312	紧定式镀锌钢导管 DN20	m	(1.0434)		
	Z29060601	聚氯乙烯易弯电线管	m		(1.0738)	
	Z28030215	铜芯聚氯乙烯绝缘线 BV-2.5mm²	m	(6.9387)	(6.9387)	(4.2604)
	Z28030216	铜芯聚氯乙烯绝缘线 BV-4mm²	m	(0.8456)	(0.8456)	(0.1821)
	26050401-1	暗开关 单联	个	0.1020	0.1020	0.1377
	26050401-2	声控延时开关	个	0.0082	0.0082	0.0082
	26410901-1	三相四眼安全插座 16A	个	0.0408	0.0408	0.0408
	26410901-2	单相暗插座 二联 10A	个	0.1632	0.1632	0.0306
	29110201	接线盒	个	0.4284	0.4284	0.4941
	29111501	接线箱盖板	块	0.4264	0.4264	0.1881
	01030117	钢丝 φ1.6～2.6	kg	0.0061	0.0061	0.0031
	01090110	圆钢 φ5.5～9	kg	0.0067	0.0067	0.0074
	01150103	热轧型钢 综合	kg	0.0095	0.0095	0.0126
	03011106	木螺钉 M2～4×6～65	10个	0.0641	0.0641	0.0443
	03011118	木螺钉 M4.5～6×15～100	10个	0.0083	0.0083	0.0083
	03011120	木螺钉 M4×65 以下	10个			0.0504
	03014223	镀锌六角螺栓连母垫 M10×40	10套	0.0006	0.0006	0.0008
	03017206	半圆头镀锌螺栓连母垫 M4～6×10～25	套	0.0861	0.0861	0.0380
	03018807	塑料膨胀管(尼龙胀管) M6～8	个			0.5090
	03110215	尼龙砂轮片 φ400	片			0.0001
	03130114	电焊条 J422 φ3.2	kg	0.0068	0.0068	0.0073
	03131901	焊锡	kg	0.0135	0.0135	0.0070
	03131941	焊锡膏 50g/瓶	kg	0.0007	0.0007	0.0003

（续表）

定额编号				B-1-10-95	B-1-10-96	B-1-10-97
项目				照明支路配管配线		
				住宅		其他建筑
				钢管	塑料管	
名称			单位	m^2	m^2	m^2
材料	03152513	镀锌铁丝 14#～16#	kg	0.0097	0.0094	0.0073
	03152516	镀锌铁丝 18#～22#	kg	0.0031	0.0054	0.0021
	03210203	硬质合金冲击钻头 ϕ6～8	根			0.0034
	04010614	普通硅酸盐水泥 P·O 32.5 级	kg	0.0630	0.0630	0.0727
	04030123	黄砂 中粗	m^3	0.0001	0.0001	0.0001
	13010101	调和漆	kg	0.0001	0.0001	0.0002
	13011011	清油 C01-1	kg	0.0001	0.0001	0.0006
	13050201	铅油	kg	0.0021	0.0021	0.0018
	13050511	醇酸防锈漆 C53-1	kg	0.0080	0.0080	0.0108
	13053111	沥青清漆	kg	0.0021	0.0021	
	14030101	汽油	kg	0.0337	0.0337	0.0174
	14050111	溶剂油 200#	kg	0.0020	0.0020	0.0028
	14050201	松香水	kg			0.0001
	14090611	电力复合酯 一级	kg	0.0010		
	14411801	胶粘剂	kg		0.0008	
	18031112	钢制外接头 DN20	个	0.0697	0.0697	0.1664
	18031113	钢制外接头 DN25	个	0.0662	0.0662	
	27170311	黄漆布带 20×40m	卷	0.0164	0.0164	0.0086
	27170416	电气绝缘胶带(PVC) 18×20m	卷	0.0258	0.0258	0.0137
	28030215	铜芯聚氯乙烯绝缘线 BV-2.5mm^2	m	0.1673	0.1673	0.0886
	29061212	镀锌电管外接头 DN20	个	0.0340	0.0340	0.0095
	29061412	紧定式螺纹盒接头 DN20	个	0.1878		
	29061632	紧定式直管接头 DN20	个	0.1774		
	29062112	易弯塑料管入盒接头及锁扣 DN20	个		0.3493	
	29062513	锁紧螺母(钢管用) M20	个	0.0654	0.0654	0.1560
	29062514	锁紧螺母(钢管用) M25	个	0.0621	0.0621	
	29062552	镀锌锁紧螺母 M20	个	0.0874	0.0874	0.0243
	29062812	管卡子(钢管用) DN20	个			0.2497
	29063212	塑料护口(电管用) DN20	个	0.1528	0.1528	0.1804
	29063213	塑料护口(电管用) DN25	个	0.0621	0.0621	
	29063412	易弯塑料管管接头 DN20	只		0.1689	
	29174011	尼龙扎带 L100～150	根			0.0386
	29175212	镀锌地线夹 ϕ20	套	0.1358	0.1358	0.0378
	34130112	塑料扁形标志牌	个			0.0232
	80060214	干混抹灰砂浆 DP M20.0	m^3	0.0011	0.0011	0.0006
	X0045	其他材料费	%	5.3700	5.3000	4.4500
机械	99190830	电动煨弯机 ϕ100	台班	0.0002	0.0002	
	99230170	砂轮切割机 ϕ400	台班			
	99250010	交流弧焊机 21kV·A	台班	0.0035	0.0035	0.0037

第二节　定 额 含 量

一、紧定、扣压式薄壁钢管敷设

工作内容：明配、暗配敷设，接线盒（箱）安装、接地、刷漆。

定　额　编　号			B-1-10-1	B-1-10-2	B-1-10-3	B-1-10-4
项　　目			紧定式薄壁钢管敷设			
			公称直径（mm 以内）			
			15	20	25	32
			100m	100m	100m	100m
预算定额编号	预算定额名称	预算定额单位	数　　量			
03-4-11-1	紧定式钢导管敷设 明配 公称直径 15mm 以内	100m	0.1000			
03-4-11-7	紧定式钢导管敷设 暗配 公称直径 15mm 以内	100m	0.9000			
03-4-11-2	紧定式钢导管敷设 明配 公称直径 20mm 以内	100m		0.1000		
03-4-11-8	紧定式钢导管敷设 暗配 公称直径 20mm 以内	100m		0.9000		
03-4-11-3	紧定式钢导管敷设 明配 公称直径 25mm 以内	100m			0.1000	
03-4-11-9	紧定式钢导管敷设 暗配 公称直径 25mm 以内	100m			0.9000	
03-4-11-4	紧定式钢导管敷设 明配 公称直径 32mm 以内	100m				0.1000
03-4-11-10	紧定式钢导管敷设 暗配 公称直径 32mm 以内	100m				0.9000
03-4-11-398	暗装 灯头盒、接线盒安装	10 个	0.3000	0.3000	0.3000	
03-4-11-394	接线箱安装 暗装 半周长 500mm 以内	10 个				0.1000

工作内容：明配、暗配敷设，接线盒(箱)安装，接地，刷漆。

定额编号			B-1-10-5	B-1-10-6	B-1-10-7	B-1-10-8
项目			紧定式薄壁钢管敷设		扣压式薄壁钢管敷设	
			公称直径(mm 以内)			
			40	50	15	20
			100m	100m	100m	100m
预算定额编号	预算定额名称	预算定额单位	数量			
03-4-11-5	紧定式钢导管敷设 明配 公称直径 40mm 以内	100m	0.1000			
03-4-11-11	紧定式钢导管敷设 暗配 公称直径 40mm 以内	100m	0.9000			
03-4-11-6	紧定式钢导管敷设 明配 公称直径 50mm 以内	100m		0.1000		
03-4-11-12	紧定式钢导管敷设 暗配 公称直径 50mm 以内	100m		0.9000		
03-4-11-23	扣压式钢导管敷设 明配 公称直径 15mm 以内	100m			0.1000	
03-4-11-29	扣压式钢导管敷设 暗配 公称直径 15mm 以内	100m			0.9000	
03-4-11-24	扣压式钢导管敷设 明配 公称直径 20mm 以内	100m				0.1000
03-4-11-30	扣压式钢导管敷设 暗配 公称直径 20mm 以内	100m				0.9000
03-4-11-394	接线箱安装 暗装 半周长 500mm 以内	10 个	0.1000	0.1000		
03-4-11-398	暗装 灯头盒、接线盒安装	10 个			0.3000	0.3000

工作内容：明配、暗配敷设，接线盒(箱)安装，接地，刷漆。

定额编号			B-1-10-9	B-1-10-10	B-1-10-11	B-1-10-12
项目			扣压式薄壁钢管敷设			
			公称直径(mm 以内)			
			25	32	40	50
			100m	100m	100m	100m
预算定额编号	预算定额名称	预算定额单位	数量			
03-4-11-25	扣压式钢导管敷设 明配 公称直径 25mm 以内	100m	0.1000			
03-4-11-26	扣压式钢导管敷设 明配 公称直径 32mm 以内	100m		0.1000		
03-4-11-27	扣压式钢导管敷设 明配 公称直径 40mm 以内	100m			0.1000	
03-4-11-28	扣压式钢导管敷设 明配 公称直径 50mm 以内	100m				0.1000
03-4-11-31	扣压式钢导管敷设 暗配 公称直径 25mm 以内	100m	0.9000			
03-4-11-32	扣压式钢导管敷设 暗配 公称直径 32mm 以内	100m		0.9000		
03-4-11-33	扣压式钢导管敷设 暗配 公称直径 40mm 以内	100m			0.9000	
03-4-11-34	扣压式钢导管敷设 暗配 公称直径 50mm 以内	100m				0.9000
03-4-11-394	接线箱安装 暗装 半周长 500mm 以内	10 个		0.1000	0.1000	0.1000
03-4-11-398	暗装 灯头盒、接线盒安装	10 个	0.3000			

工作内容：沿钢结构配管、沿钢索配管、接线盒(箱)安装、接地、刷漆。

定额编号			B-1-10-13	B-1-10-14	B-1-10-15	B-1-10-16
项目			紧定式薄壁钢管敷设			
			钢结构支架及钢索配管			
			公称直径(mm 以内)			
			15	20	25	32
			100m	100m	100m	100m
预算定额编号	预算定额名称	预算定额单位	数量			
03-4-11-13	紧定式钢导管敷设 钢结构支架配管 公称直径 15mm 以内	100m	0.8000			
03-4-11-14	紧定式钢导管敷设 钢结构支架配管 公称直径 20mm 以内	100m		0.8000		
03-4-11-15	紧定式钢导管敷设 钢结构支架配管 公称直径 25mm 以内	100m			0.8000	
03-4-11-16	紧定式钢导管敷设 钢结构支架配管 公称直径 32mm 以内	100m				0.8000
03-4-11-19	紧定式钢导管敷设 钢索配管 公称直径 15mm 以内	100m	0.2000			
03-4-11-20	紧定式钢导管敷设 钢索配管 公称直径 20mm 以内	100m		0.2000		
03-4-11-21	紧定式钢导管敷设 钢索配管 公称直径 25mm 以内	100m			0.2000	
03-4-11-22	紧定式钢导管敷设 钢索配管 公称直径 32mm 以内	100m				0.2000
03-4-11-390	接线箱安装 明装 半周长 500mm 以内	10 个				0.1000
03-4-11-400	明装 接线盒安装	10 个	0.3000	0.3000	0.3000	

工作内容:1,2. 沿钢结构配管、接线盒(箱)安装、接地、刷漆。
3,4. 沿钢结构配管、沿钢索配管、接线盒(箱)安装、接地、刷漆。

定额编号			B-1-10-17	B-1-10-18	B-1-10-19	B-1-10-20
项目			紧定式薄壁钢管敷设		扣压式薄壁钢管敷设	
			钢结构支架配管		钢结构支架及钢索配管	
			公称直径(mm 以内)			
			40	50	15	20
			100m	100m	100m	100m
预算定额编号	预算定额名称	预算定额单位	数量			
03-4-11-17	紧定式钢导管敷设 钢结构支架配管 公称直径 40mm 以内	100m	1.0000			
03-4-11-18	紧定式钢导管敷设 钢结构支架配管 公称直径 50mm 以内	100m		1.0000		
03-4-11-35	扣压式钢导管敷设 钢结构支架配管 公称直径 15mm 以内	100m			0.8000	
03-4-11-36	扣压式钢导管敷设 钢结构支架配管 公称直径 20mm 以内	100m				0.8000
03-4-11-41	扣压式钢导管敷设 钢索配管 公称直径 15mm 以内	100m			0.2000	
03-4-11-42	扣压式钢导管敷设 钢索配管 公称直径 20mm 以内	100m				0.2000
03-4-11-390	接线箱安装 明装 半周长 500mm 以内	10 个	0.1000	0.1000		
03-4-11-400	明装 接线盒安装	10 个			0.3000	0.3000

工作内容:1，2. 沿钢结构配管、沿钢索配管、接线盒(箱)安装、接地、刷漆。
3，4. 沿钢结构配管、接线盒(箱)安装、接地、刷漆。

定额编号			B-1-10-21	B-1-10-22	B-1-10-23	B-1-10-24
项目			扣压式薄壁钢管敷设			
			钢结构支架及钢索配管		钢结构支架配管	
			公称直径(mm 以内)			
			25	32	40	50
			100m	100m	100m	100m
预算定额编号	预算定额名称	预算定额单位	数量			
03-4-11-37	扣压式钢导管敷设 钢结构支架配管 公称直径 25mm 以内	100m	0.8000			
03-4-11-38	扣压式钢导管敷设 钢结构支架配管 公称直径 32mm 以内	100m		0.8000		
03-4-11-39	扣压式钢导管敷设 钢结构支架配管 公称直径 40mm 以内	100m			1.0000	
03-4-11-40	扣压式钢导管敷设 钢结构支架配管 公称直径 50mm 以内	100m				1.0000
03-4-11-43	扣压式钢导管敷设 钢索配管 公称直径 25mm 以内	100m	0.2000			
03-4-11-44	扣压式钢导管敷设 钢索配管 公称直径 32mm 以内	100m		0.2000		
03-4-11-390	接线箱安装 明装 半周长 500mm 以内	10 个		0.1000	0.1000	0.1000
03-4-11-400	明装 接线盒安装	10 个	0.3000			

二、钢管敷设

工作内容：明配、暗配敷设，接线盒（箱）安装、接地、刷漆。

定额编号			B-1-10-25	B-1-10-26	B-1-10-27	B-1-10-28
项目			砖混凝土结构钢管敷设			
			公称直径（mm 以内）			
			25	40	50	65
			100m	100m	100m	100m
预算定额编号	预算定额名称	预算定额单位	数量			
03-4-11-47	焊接钢管敷设 明配 钢管 公称直径 25mm 以内	100m	0.1000			
03-4-11-49	焊接钢管敷设 明配 钢管 公称直径 40mm 以内	100m		0.1000		
03-4-11-50	焊接钢管敷设 明配 钢管 公称直径 50mm 以内	100m			0.1000	
03-4-11-51	焊接钢管敷设 明配 钢管 公称直径 65mm 以内	100m				0.1000
03-4-11-58	焊接钢管敷设 暗配 钢管 公称直径 25mm 以内	100m	0.9000			
03-4-11-60	焊接钢管敷设 暗配 钢管 公称直径 40mm 以内	100m		0.9000		
03-4-11-61	焊接钢管敷设 暗配 钢管 公称直径 50mm 以内	100m			0.9000	
03-4-11-62	焊接钢管敷设 暗配 钢管 公称直径 65mm 以内	100m				0.9000
03-4-11-398	暗装 灯头盒、接线盒安装	10 个	0.3000			
03-4-11-394	接线箱安装 暗装 半周长 500mm 以内	10 个		0.1000	0.1000	
03-4-11-395	接线箱安装 暗装 半周长 700mm 以内	10 个				0.1000

工作内容：明配、暗配敷设，接线盒(箱)安装、接地、刷漆。

定　额　编　号			B-1-10-29	B-1-10-30	B-1-10-31	B-1-10-32
项　目			砖混凝土结构钢管敷设			
			公称直径(mm 以内)			
			80	100	125	150
			100m	100m	100m	100m
预算定额编号	预算定额名称	预算定额单位	数　量			
03-4-11-52	焊接钢管敷设 明配 钢管 公称直径 80mm 以内	100m	0.1000			
03-4-11-53	焊接钢管敷设 明配 钢管 公称直径 100mm 以内	100m		0.1000		
03-4-11-54	焊接钢管敷设 明配 钢管 公称直径 125mm 以内	100m			0.1000	
03-4-11-55	焊接钢管敷设 明配 钢管 公称直径 150mm 以内	100m				0.1000
03-4-11-63	焊接钢管敷设 暗配 钢管 公称直径 80mm 以内	100m	0.9000			
03-4-11-64	焊接钢管敷设 暗配 钢管 公称直径 100mm 以内	100m		0.9000		
03-4-11-65	焊接钢管敷设 暗配 钢管 公称直径 125mm 以内	100m			0.9000	
03-4-11-66	焊接钢管敷设 暗配 钢管 公称直径 150mm 以内	100m				0.9000
03-4-11-395	接线箱安装 暗装 半周长 700mm 以内	10 个	0.1000			
03-4-11-396	接线箱安装 暗装 半周长 1000mm 以内	10 个		0.1000	0.1000	
03-4-11-397	接线箱安装 暗装 半周长 1500mm 以内	10 个				0.1000

工作内容：1，2. 沿钢结构配管、沿钢索配管、接线盒(箱)安装、接地、刷漆。
3，4. 沿钢结构配管、接线盒(箱)安装、接地、刷漆。

定额编号			B-1-10-33	B-1-10-34	B-1-10-35	B-1-10-36
项目			钢结构钢索支架配管		钢结构支架配管	
			公称直径(mm以内)			
			25	40	50	65
			100m	100m	100m	100m
预算定额编号	预算定额名称	预算定额单位	数量			
03-4-11-67	焊接钢管敷设 钢结构支架配管 公称直径15mm以内	100m	0.2000			
03-4-11-68	焊接钢管敷设 钢结构支架配管 公称直径20mm以内	100m	0.2000			
03-4-11-69	焊接钢管敷设 钢结构支架配管 公称直径25mm以内	100m	0.4000			
03-4-11-70	焊接钢管敷设 钢结构支架配管 公称直径32mm以内	100m		0.2000		
03-4-11-71	焊接钢管敷设 钢结构支架配管 公称直径40mm以内	100m		0.6000		
03-4-11-72	焊接钢管敷设 钢结构支架配管 公称直径50mm以内	100m			1.0000	
03-4-11-73	焊接钢管敷设 钢结构支架配管 公称直径65mm以内	100m				1.0000
03-4-11-78	焊接钢管敷设 钢索配管 公称直径15mm以内	100m	0.0500			
03-4-11-79	焊接钢管敷设 钢索配管 公称直径20mm以内	100m	0.0500			
03-4-11-80	焊接钢管敷设 钢索配管 公称直径25mm以内	100m	0.1000			
03-4-11-81	焊接钢管敷设 钢索配管 公称直径32mm以内	100m		0.2000		
03-4-11-390	接线箱安装 明装 半周长500mm以内	10个		0.1000	0.1000	
03-4-11-391	接线箱安装 明装 半周长700mm以内	10个				0.1000
03-4-11-400	明装 接线盒安装	10个	0.2000			
03-4-11-404	钢索上安装接线盒	10个	0.1000			

工作内容：沿钢结构配管、接线盒(箱)安装、接地、刷漆。

定额编号			B-1-10-37	B-1-10-38	B-1-10-39	B-1-10-40
项目			钢结构支架配管			
			公称直径(mm 以内)			
			80	100	125	150
			100m	100m	100m	100m
预算定额编号	预算定额名称	预算定额单位	数量			
03-4-11-74	焊接钢管敷设 钢结构支架配管 公称直径 80mm 以内	100m	1.0000			
03-4-11-75	焊接钢管敷设 钢结构支架配管 公称直径 100mm 以内	100m		1.0000		
03-4-11-76	焊接钢管敷设 钢结构支架配管 公称直径 125mm 以内	100m			1.0000	
03-4-11-77	焊接钢管敷设 钢结构支架配管 公称直径 150mm 以内	100m				1.0000
03-4-11-391	接线箱安装 明装 半周长 700mm 以内	10 个	0.1000			
03-4-11-392	接线箱安装 明装 半周长 1000mm 以内	10 个		0.1000	0.1000	
03-4-11-393	接线箱安装 明装 半周长 1500mm 以内	10 个				0.1000

工作内容：配管、接线盒(箱)安装、接地、刷漆。

定额编号			B-1-10-41	B-1-10-42	B-1-10-43	B-1-10-44
项目			轻型吊顶内配管			
			公称直径(mm 以内)			
			25	50	100	150
			100m	100m	100m	100m
预算定额编号	预算定额名称	预算定额单位	数量			
03-4-11-82	焊接钢管敷设 轻型吊顶内配钢管 公称直径 15mm 以内	100m	0.2000			
03-4-11-83	焊接钢管敷设 轻型吊顶内配钢管 公称直径 20mm 以内	100m	0.4000			
03-4-11-84	焊接钢管敷设 轻型吊顶内配钢管 公称直径 25mm 以内	100m	0.4000			
03-4-11-85	焊接钢管敷设 轻型吊顶内配钢管 公称直径 32mm 以内	100m		0.2000		
03-4-11-86	焊接钢管敷设 轻型吊顶内配钢管 公称直径 40mm 以内	100m		0.4000		
03-4-11-87	焊接钢管敷设 轻型吊顶内配钢管 公称直径 50mm 以内	100m		0.4000		
03-4-11-88	焊接钢管敷设 轻型吊顶内配钢管 公称直径 65mm 以内	100m			0.2000	
03-4-11-89	焊接钢管敷设 轻型吊顶内配钢管 公称直径 80mm 以内	100m			0.4000	
03-4-11-90	焊接钢管敷设 轻型吊顶内配钢管 公称直径 100mm 以内	100m			0.4000	
03-4-11-91	焊接钢管敷设 轻型吊顶内配钢管 公称直径 125mm 以内	100m				0.2000
03-4-11-92	焊接钢管敷设 轻型吊顶内配钢管 公称直径 150mm 以内	100m				0.8000
03-4-11-400	明装 接线盒安装	10 个	0.3000			
03-4-11-390	接线箱安装 明装 半周长 500mm 以内	10 个		0.1000		
03-4-11-392	接线箱安装 明装 半周长 1000mm 以内	10 个			0.1000	
03-4-11-393	接线箱安装 明装 半周长 1500mm 以内	10 个				0.1000

工作内容：1，2，3. 配管、接线盒(箱)安装、接地、刷油、气密性试验。
4. 管沟挖填土、管道安装、接地、刷油。

定　额　编　号			B-1-10-45	B-1-10-46	B-1-10-47	B-1-10-48
项　　目			防爆钢管敷设		埋地钢管敷设	
			公称直径(mm 以内)			
			32	50	100	32
			100m	100m	100m	100m
预算定额编号	预算定额名称	预算定额单位	数　　量			
03-4-11-130	埋地敷设 镀锌钢管 公称直径 15mm 以内	100m				0.2000
03-4-11-131	埋地敷设 镀锌钢管 公称直径 20mm 以内	100m				0.2000
03-4-11-132	埋地敷设 镀锌钢管 公称直径 25mm 以内	100m				0.3000
03-4-11-133	埋地敷设 镀锌钢管 公称直径 32mm 以内	100m				0.3000
03-4-11-141	明配 防爆钢管敷设 公称直径 15mm 以内	100m	0.1000			
03-4-11-142	明配 防爆钢管敷设 公称直径 20mm 以内	100m	0.1000			
03-4-11-143	明配 防爆钢管敷设 公称直径 25mm 以内	100m	0.1000			
03-4-11-144	明配 防爆钢管敷设 公称直径 32mm 以内	100m	0.2000			
03-4-11-145	明配 防爆钢管敷设 公称直径 40mm 以内	100m		0.2000		
03-4-11-146	明配 防爆钢管敷设 公称直径 50mm 以内	100m		0.3000		
03-4-11-147	明配 防爆钢管敷设 公称直径 65mm 以内	100m			0.1000	
03-4-11-148	明配 防爆钢管敷设 公称直径 80mm 以内	100m			0.2000	
03-4-11-149	明配 防爆钢管敷设 公称直径 100mm 以内	100m			0.2000	
03-4-11-150	钢结构支架配管 防爆钢管敷设 公称直径 15mm 以内	100m	0.1000			
03-4-11-151	钢结构支架配管 防爆钢管敷设 公称直径 20mm 以内	100m	0.1000			
03-4-11-152	钢结构支架配管 防爆钢管敷设 公称直径 25mm 以内	100m	0.1000			
03-4-11-153	钢结构支架配管 防爆钢管敷设 公称直径 32mm 以内	100m	0.2000			
03-4-11-154	钢结构支架配管 防爆钢管敷设 公称直径 40mm 以内	100m		0.2000		

(续表)

定额编号			B-1-10-45	B-1-10-46	B-1-10-47	B-1-10-48
项目			防爆钢管敷设		埋地钢管敷设	
			公称直径(mm以内)			
			32	50	100	32
			100m	100m	100m	100m
预算定额编号	预算定额名称	预算定额单位	数量			
03-4-11-155	钢结构支架配管 防爆钢管敷设 公称直径50mm以内	100m		0.3000		
03-4-11-156	钢结构支架配管 防爆钢管敷设 公称直径65mm以内	100m			0.1000	
03-4-11-157	钢结构支架配管 防爆钢管敷设 公称直径80mm以内	100m			0.2000	
03-4-11-158	钢结构支架配管 防爆钢管敷设 公称直径100mm以内	100m			0.2000	
03-4-11-402	防爆接线盒(铸铁)安装	10个	0.3000	0.3000	0.3000	
03-4-8-11	挖填沟槽土方 坚土	$10m^3$				4.5000

工作内容:管沟挖填土、管道安装、接地、刷油。

定额编号			B-1-10-49	B-1-10-50	B-1-10-51
项目			埋地钢管敷设		
			公称直径(mm以内)		
			50	100	150
			100m	100m	100m
预算定额编号	预算定额名称	预算定额单位	数量		
03-4-11-134	埋地敷设 镀锌钢管 公称直径40mm以内	100m	0.4000		
03-4-11-135	埋地敷设 镀锌钢管 公称直径50mm以内	100m	0.6000		
03-4-11-136	埋地敷设 镀锌钢管 公称直径65mm以内	100m		0.1000	
03-4-11-137	埋地敷设 镀锌钢管 公称直径80mm以内	100m		0.3000	
03-4-11-138	埋地敷设 镀锌钢管 公称直径100mm以内	100m		0.6000	
03-4-11-139	埋地敷设 镀锌钢管 公称直径125mm以内	100m			0.4000
03-4-11-140	埋地敷设 镀锌钢管 公称直径150mm以内	100m			0.6000
03-4-8-11	挖填沟槽土方 坚土	$10m^3$	4.5000	4.5000	4.5000

三、PVC 阻燃塑料管敷设

工作内容:明配暗配、接线盒(箱)安装、支架制作安装及刷油。

定额编号			B-1-10-52	B-1-10-53	B-1-10-54	B-1-10-55
项目			PVC 阻燃塑料管敷设			
			公称直径(mm 以内)			
			15	20	25	32
			100m	100m	100m	100m
预算定额编号	预算定额名称	预算定额单位	数量			
03-4-11-173	轻型吊顶内配管 塑料管 公称直径 15mm 以内	100m	0.3000			
03-4-11-174	轻型吊顶内配管 塑料管 公称直径 20mm 以内	100m		0.3000		
03-4-11-175	轻型吊顶内配管 塑料管 公称直径 25mm 以内	100m			0.3000	
03-4-11-176	轻型吊顶内配管 塑料管 公称直径 32mm 以内	100m				0.3000
03-4-11-188	暗配 硬塑料管 公称直径 15mm 以内	100m	0.6000			
03-4-11-189	暗配 硬塑料管 公称直径 20mm 以内	100m		0.6000		
03-4-11-190	暗配 硬塑料管 公称直径 25mm 以内	100m			0.6000	
03-4-11-191	暗配 硬塑料管 公称直径 32mm 以内	100m				0.6000
03-4-11-197	明配 硬塑料管 公称直径 15mm 以内	100m	0.1000			
03-4-11-198	明配 硬塑料管 公称直径 20mm 以内	100m		0.1000		
03-4-11-199	明配 硬塑料管 公称直径 25mm 以内	100m			0.1000	
03-4-11-200	明配 硬塑料管 公称直径 32mm 以内	100m				0.1000
03-4-11-394	接线箱安装 暗装 半周长 500mm 以内	10 个				0.1000
03-4-11-398	暗装 灯头盒、接线盒安装	10 个	0.3000	0.3000	0.3000	
03-4-13-5	一般铁构件 制作每件重 1kg 以内	100kg	0.0666	0.0666	0.0666	0.0666
03-4-13-9	一般铁构件 安装每件重 1kg 以内	100kg	0.0666	0.0666	0.0666	0.0666

工作内容：1. 明配暗配、接线盒(箱)安装、砖墙刨沟、支架制作安装及刷油。
2，3，4. 明配暗配、接线盒(箱)安装、支架制作安装及刷油。

定额编号			B-1-10-56	B-1-10-57	B-1-10-58	B-1-10-59
项目			PVC 阻燃塑料管敷设			
			公称直径(mm 以内)			
			40	50	70	80
			100m	100m	100m	100m
预算定额编号	预算定额名称	预算定额单位	数量			
03-4-11-177	轻型吊顶内配管 塑料管 公称直径 40mm 以内	100m	0.3000			
03-4-11-178	轻型吊顶内配管 塑料管 公称直径 50mm 以内	100m		0.3000		
03-4-11-179	轻型吊顶内配管 塑料管 公称直径 70mm 以内	100m			0.3000	
03-4-11-192	暗配 硬塑料管 公称直径 40mm 以内	100m	0.6000			
03-4-11-193	暗配 硬塑料管 公称直径 50mm 以内	100m		0.6000		
03-4-11-194	暗配 硬塑料管 公称直径 70mm 以内	100m			0.6000	
03-4-11-195	暗配 硬塑料管 公称直径 80mm 以内	100m				0.9000
03-4-11-201	明配 硬塑料管 公称直径 40mm 以内	100m	0.1000			
03-4-11-202	明配 硬塑料管 公称直径 50mm 以内	100m		0.1000		
03-4-11-203	明配 硬塑料管 公称直径 70mm 以内	100m			0.1000	
03-4-11-204	明配 硬塑料管 公称直径 80mm 以内	100m				0.1000
03-4-11-394	接线箱安装 暗装 半周长 500mm 以内	10 个	0.1000	0.1000		
03-4-11-395	接线箱安装 暗装 半周长 700mm 以内	10 个			0.1000	0.1000
03-4-13-5	一般铁构件 制作每件重 1kg 以内	100kg	0.0666	0.0666	0.1185	
03-4-13-9	一般铁构件 安装每件重 1kg 以内	100kg	0.0666	0.0666	0.1185	

工作内容：1. 明配暗配、接线盒(箱)安装、支架制作安装及刷油。
2，3，4. 管沟挖填土、管道安装。

定　额　编　号			B-1-10-60	B-1-10-61	B-1-10-62	B-1-10-63
项　　目			PVC 阻燃塑料管敷设	埋地塑料管敷设		
			公称直径(mm 以内)			
			100	32	50	100
			100m	100m	100m	100m
预算定额编号	预算定额名称	预算定额单位	数　　量			
03-4-11-196	暗配 硬塑料管 公称直径 100mm 以内	100m	0.9000			
03-4-11-205	明配 硬塑料管 公称直径 100mm 以内	100m	0.1000			
03-4-11-206	埋地 硬塑料管 公称直径 15mm 以内	100m		0.2000		
03-4-11-207	埋地 硬塑料管 公称直径 20mm 以内	100m		0.2000		
03-4-11-208	埋地 硬塑料管 公称直径 25mm 以内	100m		0.3000		
03-4-11-209	埋地 硬塑料管 公称直径 32mm 以内	100m		0.3000		
03-4-11-210	埋地 硬塑料管 公称直径 40mm 以内	100m			0.4000	
03-4-11-211	埋地 硬塑料管 公称直径 50mm 以内	100m			0.6000	
03-4-11-212	埋地 硬塑料管 公称直径 70mm 以内	100m				0.4000
03-4-11-213	埋地 硬塑料管 公称直径 80mm 以内	100m				0.6000
03-4-11-396	接线箱安装 暗装 半周长 1000mm 以内	10 个	0.1000			
03-4-8-11	挖填沟槽土方 坚土	$10m^3$		4.5000	4.5000	4.5000

四、电缆桥架(线槽)安装

工作内容：1，2，3. 线槽安装、吊支架制作安装、支架刷油。

4. 线槽安装、吊支架制作安装、支架刷油、接地、防火封堵。

定　额　编　号			B-1-10-64	B-1-10-65	B-1-10-66	B-1-10-67
项　　目			塑料线槽			钢线槽、槽式桥架、托盘安装
			线槽宽度(mm 以内)			宽＋高(mm 以内)
			40	100	150	400
			10m	10m	10m	10m
预算定额编号	预算定额名称	预算定额单位	数　　量			
03-4-11-258	塑料线槽安装 宽×高 20×10mm 以内	10m	0.4000			
03-4-11-259	塑料线槽安装 宽×高 35×10mm 以内	10m	0.6000			
03-4-11-260	塑料线槽安装 宽×高 50×15mm 以内	10m		0.4000		
03-4-11-261	塑料线槽安装 宽×高 100×20mm 以内	10m		0.6000		
03-4-11-262	塑料线槽安装 宽×高 150×30mm 以内	10m			1.0000	
03-4-11-269	钢线槽、槽式桥架、托盘安装 宽＋高 200mm 以内	10m				0.4000
03-4-11-270	钢线槽、槽式桥架、托盘安装 宽＋高 400mm 以内	10m				0.6000
03-4-13-6	一般铁构件 制作每件重 5kg 以内	100kg	0.1092	0.1318	0.1506	0.2298
03-4-13-10	一般铁构件 安装每件重 5kg 以内	100kg				0.2298
03-9-7-34	防火堵料 楼板	m^3				0.0120
03-9-7-50	防火板安装 支架支撑	$10m^2$				0.0043

工作内容：1，2，3. 线槽安装、吊支架制作安装、支架刷油、接地、防火封堵。
4. 桥架安装、吊支架制作安装、支架刷油。

定额编号			B-1-10-68	B-1-10-69	B-1-10-70	B-1-10-71
项目			钢线槽、槽式桥架、托盘安装			开放式网络桥架安装
			宽＋高(mm 以内)			宽＋高×2(mm 以内)
			800	1200	1500	450
			10m	10m	10m	10m
预算定额编号	预算定额名称	预算定额单位	数量			
03-4-11-271	钢线槽、槽式桥架、托盘安装 宽＋高 600mm 以内	10m	0.4000			
03-4-11-272	钢线槽、槽式桥架、托盘安装 宽＋高 800mm 以内	10m	0.6000			
03-4-11-273	钢线槽、槽式桥架、托盘安装 宽＋高 1000mm 以内	10m		0.4000		
03-4-11-274	钢线槽、槽式桥架、托盘安装 宽＋高 1200mm 以内	10m		0.6000		
03-4-11-275	钢线槽、槽式桥架、托盘安装 宽＋高 1500mm 以内	10m			1.0000	
03-4-11-276	开放式网络桥架安装 宽＋高×2260mm 以内	10m				0.4000
03-4-11-277	开放式网络桥架安装 宽＋高×2450mm 以内	10m				0.6000
03-4-13-6	一般铁构件 制作每件重 5kg 以内	100kg	0.3873			
03-4-13-10	一般铁构件 安装每件重 5kg 以内	100kg	0.3873			
03-4-13-11	一般铁构件 安装每件重 20kg 以内	100kg		0.6734	0.8526	
03-4-13-7	一般铁构件 制作每件重 20kg 以内	100kg		0.6734	0.8526	
03-9-7-34	防火堵料 楼板	m^3	0.0280	0.0310	0.0360	
03-9-7-50	防火板安装 支架支撑	$10m^2$	0.0103	0.0143	0.0197	

工作内容：桥架安装、吊支架制作安装、支架刷油。

定额编号			B-1-10-72
项目			开放式网络桥架安装
			宽＋高×2(mm 以内)
			900
			10m
预算定额编号	预算定额名称	预算定额单位	数量
03-4-11-278	开放式网络桥架安装 宽＋高×2 650mm 以内	10m	0.4000
03-4-11-279	开放式网络桥架安装 宽＋高×2 900mm 以内	10m	0.6000

五、配 线

工作内容:管内穿线、线槽配线。

定额编号			B-1-10-73	B-1-10-74	B-1-10-75	B-1-10-76
项目			管和线槽内配线			
			导线截面(mm² 以内)			
			1.5	2.5	4	6
			100m	100m	100m	100m
预算定额编号	预算定额名称	预算定额单位	数量			
03-4-11-280	管内穿线 照明线路 导线截面 1.5mm² 以内	100m 单线	0.4000			
03-4-11-281	管内穿线 照明线路 导线截面 2.5mm² 以内	100m 单线		0.4000		
03-4-11-282	管内穿线 照明线路 导线截面 4mm² 以内	100m 单线			0.4000	
03-4-11-286	管内穿线 动力线路 导线截面 6mm² 以内	100m 单线				0.4000
03-4-11-346	线槽配线 导线截面 2.5mm² 以内	100m 单线	0.6000	0.6000		
03-4-11-347	线槽配线 导线截面 6mm² 以内	100m 单线			0.6000	0.6000

工作内容:管内穿线、线槽配线。

定额编号			B-1-10-77	B-1-10-78	B-1-10-79	B-1-10-80
项目			管和线槽内配线			
			导线截面(mm² 以内)			
			16	35	70	95
			100m	100m	100m	100m
预算定额编号	预算定额名称	预算定额单位	数量			
03-4-11-288	管内穿线 动力线路 导线截面 16mm² 以内	100m 单线	0.4000			
03-4-11-290	管内穿线 动力线路 导线截面 35mm² 以内	100m 单线		0.4000		
03-4-11-291	管内穿线 动力线路 导线截面 70mm² 以内	100m 单线			0.4000	
03-4-11-292	管内穿线 动力线路 导线截面 95mm² 以内	100m 单线				0.4000
03-4-11-348	线槽配线 导线截面 16mm² 以内	100m 单线	0.6000			
03-4-11-349	线槽配线 导线截面 35mm² 以内	100m 单线		0.6000		
03-4-11-350	线槽配线 导线截面 70mm² 以内	100m 单线			0.6000	
03-4-11-351	线槽配线 导线截面 120mm² 以内	100m 单线				0.6000

工作内容：管内穿线、线槽配线。

定额编号			B-1-10-81	B-1-10-82	B-1-10-83	B-1-10-84
项目			管和线槽内配线			
			导线截面（mm^2 以内）			
			120	150	185	240
			100m	100m	100m	100m
预算定额编号	预算定额名称	预算定额单位	数量			
03-4-11-293	管内穿线 动力线路 导线截面 $120mm^2$ 以内	100m 单线	0.4000			
03-4-11-294	管内穿线 动力线路 导线截面 $150mm^2$ 以内	100m 单线		0.4000		
03-4-11-295	管内穿线 动力线路 导线截面 $185mm^2$ 以内	100m 单线			0.4000	
03-4-11-296	管内穿线 动力线路 导线截面 $240mm^2$ 以内	100m 单线				0.4000
03-4-11-351	线槽配线 导线截面 $120mm^2$ 以内	100m 单线	0.6000			
03-4-11-352	线槽配线 导线截面 $185mm^2$ 以内	100m 单线		0.6000	0.6000	
03-4-11-353	线槽配线 导线截面 $240mm^2$ 以内	100m 单线				0.6000

工作内容：管内穿线、线槽配线。

定额编号			B-1-10-85
项目			管和线槽内配线
			导线截面（mm^2 以内）
			400
			100m
预算定额编号	预算定额名称	预算定额单位	数量
03-4-11-297	管内穿线 动力线路 导线截面 $400mm^2$ 以内	100m 单线	0.4000
03-4-11-354	线槽配线 导线截面 $400mm^2$ 以内	100m 单线	0.6000

六、动力支路配管配线

工作内容: 1. 配管、配线(管内穿线、线槽配线)、接线箱(盒)安装、金属支架制作安装接地。
2，3，4. 配管、配线(管内穿线、线槽配线)、接线箱(盒)安装、金属支架制作安装、接地。

定　额　编　号			B-1-10-86	B-1-10-87	B-1-10-88	B-1-10-89
项　　目			动力支路配管配线			
			容量(kW 以内)			
			3	7.5	15	18.5
			台	台	台	台
预算定额编号	预算定额名称	预算定额单位	数　量			
03-4-11-46	焊接钢管敷设 明配 钢管 公称直径 20mm 以内	100m	0.1556			
03-4-11-47	焊接钢管敷设 明配 钢管 公称直径 25mm 以内	100m		0.1556		
03-4-11-48	焊接钢管敷设 明配 钢管 公称直径 32mm 以内	100m			0.1556	0.1556
03-4-11-281	管内穿线 照明线路 导线截面 $2.5mm^2$ 以内	100m 单线	0.7817			
03-4-11-282	管内穿线 照明线路 导线截面 $4mm^2$ 以内	100m 单线		0.7817		
03-4-8-62	室内电力电缆敷设 铜芯电力电缆 4 芯以上 截面积 $35mm^2$ 以下	100m			0.2224	0.2224
03-4-8-128	户内热缩铜芯电缆终端头 1kV 以下 截面积 $35mm^2$ 以下	个			2.0000	2.0000
03-4-11-218	金属软管敷设 管径 20mm 以内 每根长 1000mm 以内	10m	0.0800			
03-4-11-224	金属软管敷设 管径 32mm 以内 每根长 1000mm 以内	10m		0.0800		
03-4-11-227	金属软管敷设 管径 40mm 以内 每根长 1000mm 以内	10m			0.0800	
03-4-11-230	金属软管敷设 管径 50mm 以内 每根长 1000mm 以内	10m				0.0800
03-4-11-398	暗装 灯头盒、接线盒安装	10 个	0.1000	0.1000	0.1000	0.1000
03-4-11-401	接线盒、开关盒盖板安装	10 个	0.1000	0.1000	0.1000	0.1000
03-4-13-5	一般铁构件 制作每件重 1kg 以内	100kg	0.0026	0.0026	0.0026	0.0026
03-4-13-9	一般铁构件 安装每件重 1kg 以内	100kg	0.0026	0.0026	0.0026	0.0026
03-4-9-12	接地母线敷设 沿砖混凝土敷设	10m	0.1900	0.1900	0.1900	0.1900

工作内容:配管、配线(管内穿线、线槽配线)、接线箱(盒)安装、金属支架制作安装、接地。

定额编号			B-1-10-90	B-1-10-91	B-1-10-92	B-1-10-93
项目			动力支路配管配线			
			容量(kW 以内)			
			22	37	55	75
			台	台	台	台
预算定额编号	预算定额名称	预算定额单位	数量			
03-4-11-50	焊接钢管敷设 明配 钢管 公称直径 50mm 以内	100m	0.1556			
03-4-11-51	焊接钢管敷设 明配 钢管 公称直径 65mm 以内	100m		0.1556		
03-4-11-52	焊接钢管敷设 明配 钢管 公称直径 80mm 以内	100m			0.1556	0.1556
03-4-8-62	室内电力电缆敷设 铜芯电力电缆 4 芯以上 截面积 $35mm^2$ 以下	100m	0.2224	0.2224		
03-4-8-63	室内电力电缆敷设 铜芯电力电缆 4 芯以上 截面积 $70mm^2$ 以下	100m			0.2224	0.2224
03-4-11-233	金属软管敷设 管径 70mm 以内 每根长 1000mm 以内	10m	0.0800	0.0800		
03-4-11-236	金属软管敷设 管径 80mm 以内 每根长 1000mm 以内	10m			0.0800	0.0800
03-4-11-398	暗装 灯头盒、接线盒安装	10 个	0.1000	0.1000	0.1000	0.1000
03-4-11-401	接线盒、开关盒盖板安装	10 个	0.1000	0.1000	0.1000	0.1000
03-4-13-5	一般铁构件 制作每件重 1kg 以内	100kg	0.0394	0.0394	0.0394	0.0440
03-4-13-9	一般铁构件 安装每件重 1kg 以内	100kg	0.0394	0.0394	0.0394	0.0440
03-4-8-128	户内热缩铜芯电缆终端头 1kV 以下 截面积 $35mm^2$ 以下	个	2.0000	2.0000		
03-4-8-129	户内热缩铜芯电缆终端头 1kV 以下 截面积 $120mm^2$ 以下	个			2.0000	2.0000
03-4-9-12	接地母线敷设 沿砖混凝土敷设	10m	0.1900	0.1900	0.1900	0.1900

工作内容:配管、配线(管内穿线、线槽配线)、接线箱(盒)安装、金属支架制作安装、接地。

定　额　编　号			B-1-10-94
项　　目			动力支路配管配线
			容量(kW 以内)
			90
			台
预算定额编号	预算定额名称	预算定额单位	数　　量
03-4-11-239	金属软管敷设 管径 100mm 以内 每根长 1000mm 以内	10m	0.0800
03-4-11-398	暗装 灯头盒、接线盒安装	10 个	0.1000
03-4-11-401	接线盒、开关盒盖板安装	10 个	0.1000
03-4-11-53	焊接钢管敷设 明配 钢管 公称直径 100mm 以内	100m	0.1556
03-4-13-5	一般铁构件 制作每件重 1kg 以内	100kg	0.0440
03-4-13-9	一般铁构件 安装每件重 1kg 以内	100kg	0.0440
03-4-8-129	户内热缩铜芯电缆终端头 1kV 以下 截面积 120mm^{2}以下	个	2.0000
03-4-8-64	室内电力电缆敷设 铜芯电力电缆 4 芯以上 截面积 120mm^2 以下	100m	0.2224
03-4-9-12	接地母线敷设 沿砖混凝土敷设	10m	0.1900

七、照明支路配管配线

工作内容:配管、配线(管内穿线、线槽配线)、金属支架制作安装,开关、插座、接线盒、灯头盒、接线箱等安装、接地,砖墙刨沟。

定额编号			B-1-10-95	B-1-10-96	B-1-10-97
项目			照明支路配管配线		
			住宅		其他建筑
			钢管	塑料管	
			m^2	m^2	m^2
预算定额编号	预算定额名称	预算定额单位	数量		
03-4-11-105	暗配 镀锌钢管 公称直径 20mm 以内 公称直径 20mm 以内	100m	0.0021	0.0021	0.0006
03-4-11-160	暗配 塑料管 公称直径 20mm 以内 20mm 以内	100m		0.0101	
03-4-11-281	管内穿线 照明线路 导线截面 $2.5mm^2$ 以内	100m 单线	0.0596	0.0596	0.0332
03-4-11-282	管内穿线 照明线路 导线截面 $4mm^2$ 以内	100m 单线	0.0077	0.0077	0.0016
03-4-11-346	线槽配线 导线截面 $2.5mm^2$ 以内	100m 单线			0.0038
03-4-11-347	线槽配线 导线截面 $6mm^2$ 以内	100m 单线			0.0001
03-4-11-398	暗装 灯头盒、接线盒安装	10 个	0.0120	0.0120	0.0435
03-4-11-399	暗装 开关盒、插座盒安装	10 个	0.0300	0.0300	0.0049
03-4-11-401	接线盒、开关盒盖板安装	10 个	0.0418	0.0418	0.0184
03-4-11-46	焊接钢管敷设 明配 钢管 公称直径 20mm 以内	100m			0.0020
03-4-11-57	焊接钢管敷设 暗配 钢管 公称直径 20mm 以内	100m	0.0042	0.0042	0.0081
03-4-11-58	焊接钢管敷设 暗配 钢管 公称直径 25mm 以内	100m	0.0040	0.0040	
03-4-11-8	紧定式钢导管敷设 暗配 公称直径 20mm 以内	100m	0.0101		
03-4-12-355	开关及按钮 暗开关 单联	10 套	0.0100	0.0100	0.0135
03-4-12-360	开关及按钮 声控延时开关	10 套	0.0008	0.0008	0.0008
03-4-12-371	暗装单相插座 二位	10 套	0.0160	0.0160	0.0030
03-4-12-374	暗装三相安全插座 16A 以下	10 套	0.0040	0.0040	0.0040
03-4-13-16	砖墙刨沟 管径 20mm 以内	10m	0.1013	0.1013	0.0590
03-4-13-5	一般铁构件 制作每件重 1kg 以内	100kg	0.0001	0.0001	0.0001
03-4-13-9	一般铁构件 安装每件重 1kg 以内	100kg	0.0001	0.0001	0.0001

第十一章　照明器具安装

说　　明

一、本章包括普通灯具、工厂灯、广照投光灯、标识(障碍)灯、荧光灯、医疗专用灯、装饰灯具、标志、诱导灯、点光源装饰灯、景观灯、庭院灯、太阳能灯、水下艺术灯、路灯、安全变压器、电铃、风扇等。共十节。

二、本章定额是按灯具类型分别编制的,对于灯具本身及光源,定额已经综合了安装费。

三、定额内已包括一般绝缘测量绝缘及灯具的试亮等工作内容。

四、定额中装饰灯具项目均已考虑了工程的超高作业因素,使用时不作换算。

五、荧光灯安装已综合考虑吊链式、吊管式、吸顶式等,使用时不作调整。

六、路灯安装定额包括灯柱、灯架、灯具安装;路灯基础及土方施工执行建筑装饰工程相应定额。路灯安装定额未包括路灯杆接地,接地工程按照相应定额计算。

七、灯具安装定额适用范围见表 11-1。

表 11-1　灯具安装定额适用范围

定额名称	灯　具　种　类
圆球吸顶灯	材质为玻璃、塑料等独立的圆球吸顶灯、半圆球吸顶灯、扁圆罩吸顶灯、平圆形吸顶灯
方形吸顶灯	材质为玻璃、塑料等独立的矩形、大口方罩、方形罩吸顶灯
软线吊灯	材质为玻璃、塑料、搪瓷等,形状如碗、伞,平盘灯罩组成的各式软线吊灯
吊链灯	玻璃罩、塑料罩等的各式吊链灯
一般弯脖灯	圆球弯脖灯、马路弯灯、风雨壁灯
一般墙壁灯	单双圆筒壁灯、鞍型壁灯、玉柱型壁灯
座灯头	一般塑料、瓷质座灯头和一般声光控座灯头
成套荧光灯	单管、双管、三管、四管、吊链式、吊管式、吸顶式、嵌入式、线槽下安装、嵌入式带风口型荧光灯、紫外线灯
直杆工厂吊灯	配照(GC1-A)、广照(GC3-A)、深照(GC5-A)、斜照(GC7-A)、圆球(GC17-A)、双罩(GC19-A)
吊链式工厂灯	配照(GC1-B)、广照(GC3-B)、深照(GC5-B)、双罩(GC19-B)
吸顶式工厂灯	配照(GC1-C)、广照(GC3-C)、深照(GC5-C)、斜照(GC7-C)、圆球(GC17-C)、双罩(GC19-C)
弯杆式工厂灯	配照(GC1-D/E)、广照(GC3-D/E)、深照(GC5-D/E)、斜照(GC7-D/E)、圆球(GC17-D/E)、双罩(GC19-D)、局部深罩(GC26-F/H)
悬挂工厂灯	配照(GC21-1/2)、深照(GC23-1/2/3)
标志、诱导灯	不同安装方式的标志灯、诱导灯
防水防尘灯	广照(GC-A/B/C/D/E/F/G)、广照有保护网(GC11-A/B/C/D/E/F/G)、散照(GC15-A、B、C、D、E、F、G)
防潮灯(腰形舱顶灯)	扁形防潮灯(GC31)、防潮灯(GC33)、腰形舱顶灯 CCD2-1
碘钨灯	DW 型、220V 300～1000W 内
管形氙气灯	自然冷却式 220/380V、20kW 内
投光灯	TG 型室外投光灯

（续表）

定额名称	灯　具　种　类
高压水银灯镇流器	外附式镇流器 125～450W
安全灯	(AOB-1/2/3)，(AOC-1/2)型安全灯
防爆灯	CB3C-200 型防爆灯
高压水银防爆灯	CB4C-125/250 型高压水银防爆灯
防爆荧光灯	CB4C-1/2 单、双管防爆型荧光灯
病房指示灯(暗脚灯)	病房指示灯(暗脚灯)、影剧院太平灯
无影灯	3～12 孔管式无影灯
荧光装饰灯具	配合装饰工程的用荧光灯组合的各式光带、组合成一定外形的组合式灯、发光天棚广告灯箱
点光源装饰灯具	各种安装方式的筒灯、射灯，用于外立面的点光源灯具
艺术装饰灯	各型吊式装饰艺术灯、吸顶装饰灯、组合式艺术灯
歌舞厅灯具	各型用于歌舞厅等娱乐场地氛围、效果的各功能灯具
太阳能及风能灯具	以太阳能、风能为能源的灯具
艺术喷泉灯具	各型用于水池装饰效果的具有一定造型、变换功能的水上、水下艺术灯具
路灯	用于庭院路、道路、广场等场所的照明灯具

工程量计算规则

一、照明灯具区分灯具类型、安装方式按设计图示数量计算，以“套”为计量单位。

二、安全变压器、电风扇等按设计图示数量计算，以“台”为计量单位。

三、开关、插座等按设计图示数量计算，以“套”为计量单位。

第一节 定额消耗量

一、普通灯具

工作内容:安装。

定额编号				B-1-11-1	B-1-11-2	B-1-11-3	B-1-11-4
项目				吸顶灯	软线(吊链)吊顶及座灯头	壁灯及诱导灯	地坪嵌装灯
名称			单位	10套	10套	10套	10套
人工	00050101	综合人工 安装	工日	3.3757	1.1160	0.9680	3.3544
材料	Z25050001	成套灯具	套	(10.1000)	(10.1000)	(10.1000)	(10.1000)
	29110111	接线盒(箱) 铸铁	个				10.2000
	28030215	铜芯聚氯乙烯绝缘线 BV-2.5mm^2	m	22.5980	7.1220	5.0860	13.2300
	03011106	木螺钉 M2～4×6～65	10个	9.1360	2.7040	8.3200	0.4160
	03017208	半圆头镀锌螺栓连母垫 M2～5×15～50	10套				2.0600
	03018171	膨胀螺栓(钢制) M6	套	48.9600			36.7200
	03018807	塑料膨胀管(尼龙胀管) M6～8	个		1.2880	33.6800	20.6000
	03210203	硬质合金冲击钻头 ϕ6～8	根	0.3270	0.0920	0.2240	0.3060
	05254007	圆木台 ϕ150～250	块		4.2000	4.2000	
	05254008	圆木台 ϕ275～350	块	1.0500			
	05254317	方木台 200×350	块	1.0500			
	05254321	方木台 400×400	块	14.7000			
	05254322	方木台 400×1000	块	3.1500			
	02191901	塑料圆台	块		6.3000		
	27150312	瓷接头 双路	个	21.6300		4.2000	10.3000
	28030813	聚氯乙烯双股胶质软线 2×23/0.15mm^2	m		7.1260		
	X0045	其他材料费	%	2.6200	13.6700	15.0700	7.0000

二、工厂灯及广照投光灯

工作内容：安装。

定额编号				B-1-11-5	B-1-11-6	B-1-11-7	B-1-11-8
项目				工厂罩灯	防水防尘灯	碘钨灯、投光灯	泛光灯
名称			单位	10套	10套	10套	10套
人工	00050101	综合人工 安装	工日	1.3380	1.9200	1.9541	1.9552
材料	Z25050001	成套灯具	套	(10.1000)	(10.1000)	(10.1000)	(10.1000)
	28030215	铜芯聚氯乙烯绝缘线 BV-2.5mm^2	m	17.8120	18.5260	17.9480	21.6000
	01090110	圆钢 ϕ5.5～9	kg	0.2490			
	01290250	热轧钢板(薄板) δ3.5	kg			11.8800	9.9000
	03011106	木螺钉 M2～4×6～65	10个	3.2240	4.4720	0.6240	
	03015124	沉头螺栓连母垫 M10×53	套			20.4000	
	03018807	塑料膨胀管(尼龙胀管) M6～8	个	23.6900	23.6900	8.2400	
	03130114	电焊条 J422 ϕ3.2	kg	0.0300		0.6000	1.0000
	05254005	圆木台 ϕ63～138	块	5.2500	6.3000		
	05254007	圆木台 ϕ150～250	块	2.1000	4.2000		
	27150312	瓷接头 双路	个	10.3000	10.3000	4.1200	
	X0045	其他材料费	%	5.0100	5.0000	8.1900	5.0700
机械	99250010	交流弧焊机 21kV·A	台班	0.0210		0.3600	0.6000

工作内容：安装。

定额编号				B-1-11-9	B-1-11-10	B-1-11-11	B-1-11-12
项目				密闭灯			混光灯
				安全防爆灯	防爆灯	防爆荧光灯	
名称			单位	10套	10套	10套	10套
人工	00050101	综合人工 安装	工日	3.5840	3.6100	3.6108	7.1470
材料	Z25050001	成套灯具	套	(10.1000)	(10.1000)	(10.1000)	(10.1000)
	29110111	接线盒(箱) 铸铁	个	10.2000	10.2000	10.2000	
	28030215	铜芯聚氯乙烯绝缘线 BV-2.5mm²	m	25.8580	25.8580	27.4900	
	28030216	铜芯聚氯乙烯绝缘线 BV-4mm²	m				30.9480
	01130336	热轧镀锌扁钢 50～75	kg	4.7440	4.7440		
	03011106	木螺钉 M2～4×6～65	10个				3.7440
	03017208	半圆头镀锌螺栓连母垫 M2～5×15～50	10套	2.0600	2.0600	2.0600	
	03017211	半圆头镀锌螺栓连母垫 M6～12×12～50	10套	0.8240	0.8240		
	03018171	膨胀螺栓(钢制) M6	套	32.6400	32.6400		
	03018173	膨胀螺栓(钢制) M10	套				10.2000
	03018807	塑料膨胀管(尼龙胀管) M6～8	个	20.6000	20.6000	20.6000	
	03210203	硬质合金冲击钻头 ϕ6～8	根	0.2720	0.2720		
	03210209	硬质合金冲击钻头 ϕ10～12	根				0.1300
	05254005	圆木台 ϕ63～138	块				8.4000
	X0045	其他材料费	%	8.0200	8.0200	13.3800	2.5200

三、标识(障碍)灯

工作内容：安装。

定额编号				B-1-11-13	B-1-11-14
项目				烟囱、水塔塔架标识灯	
				100m以内	200m以内
名称			单位	10套	10套
人工	00050101	综合人工 安装	工日	15.6950	38.0190
材料	Z25050001	成套灯具	套	(10.1000)	(10.1000)
	17030121	镀锌焊接钢管 DN15	m	10.3000	10.3000
	17030122	镀锌焊接钢管 DN20	m	15.4500	15.4500
	28030215	铜芯聚氯乙烯绝缘线 BV-2.5mm²	m	57.0000	57.0000
	18035403	镀锌异径外接头 DN20×15	个	10.3000	10.3000
	29062514	锁紧螺母(钢管用) M25	个	20.6000	20.6000
	29062812	管卡子(钢管用) DN20	个	20.6000	20.6000
	29063212	塑料护口(电管用) DN20	个	20.6000	20.6000
	X0045	其他材料费	%	2.0600	2.0600

四、荧　光　灯

工作内容：安装。

定　额　编　号				B-1-11-15	B-1-11-16	B-1-11-17	B-1-11-18
项　　目				单管荧光灯	双管荧光灯	三管荧光灯	四管荧光灯
名　　称			单位	10套	10套	10套	10套
人工	00050101	综合人工 安装	工日	1.5030	2.0620	2.4000	2.8824
材料	Z25050001	成套灯具	套	(10.1000)	(10.1000)	(10.1000)	(10.1000)
	28030215	铜芯聚氯乙烯绝缘线 BV-2.5mm^2	m	15.2700	15.2700	15.2700	15.2700
	28030813	聚氯乙烯双股胶质软线 2×23/0.15mm^2	m	3.0540	3.0540	3.0540	3.0540
	03011106	木螺钉 M2～4×6～65	10个	2.4960	2.4960	2.4960	2.4960
	03012107	自攻螺钉 M2～4×6～65	10个	1.2240	1.2240	1.2240	1.2240
	03018171	膨胀螺栓(钢制) M6	套	3.0450	3.0450	3.0450	3.0450
	03018807	塑料膨胀管(尼龙胀管) M6～8	个	11.2850	11.2850	11.2850	11.2850
	03152513	镀锌铁丝 14#～16#	kg	0.4560	0.4560	0.4560	0.4560
	03210203	硬质合金冲击钻头 ϕ6～8	根	0.1190	0.1190	0.1190	0.1190
	05254005	圆木台 ϕ63～138	块	6.2400	6.2400	6.2400	6.2400
	25610111	灯钩 大号	个	4.0800	4.0800	4.0800	4.0800
	25610301	瓜子灯链	m	6.0600	6.0600	6.0600	6.0600
	26311411	吊线盒 3A	个	2.0200	2.0200	2.0200	2.0200
	27150312	瓷接头 双路	个	10.3000	10.3000	10.3000	10.3000
	X0045	其他材料费	%	4.1200	4.1200	4.1200	4.1200

工作内容：安装。

定　额　编　号				B-1-11-19	B-1-11-20	B-1-11-21	B-1-11-22
项　　目				荧光灯线槽下安装式	组合荧光灯光带		
					单管	双管	三管
名　　称			单位	10套	10套	10套	10套
人工	00050101	综合人工 安装	工日	1.6432	1.6610	2.3430	2.7544
材料	Z25050001	成套灯具	套	(10.1000)	(10.1000)	(10.1000)	(10.1000)
	28030215	铜芯聚氯乙烯绝缘线 BV-2.5mm^2	m	23.4100	31.5620	49.9760	69.1420
	03011106	木螺钉 M2～4×6～65	10个		0.8400	0.8400	0.8400
	03012109	自攻螺钉 M2～4×20～75	10个		2.1200	2.1200	2.1200
	03018173	膨胀螺栓(钢制) M10	套		24.4800	24.4800	32.6400
	03018807	塑料膨胀管(尼龙胀管) M6～8	个		8.2400	8.2400	8.2400
	03210203	硬质合金冲击钻头 ϕ6～8	根		0.0720	0.0720	0.0720
	03210209	硬质合金冲击钻头 ϕ10～12	根		0.3080	0.3080	0.4080
	27150312	瓷接头 双路	个	10.3000	10.3000	10.3000	10.3000
	X0045	其他材料费	%	10.0000	8.5700	8.6900	9.0300

工作内容：安装。

定额编号				B-1-11-23	B-1-11-24
项目				组合荧光灯光带 四管	荧光灯光沿
名称			单位	10套	10m
人工	00050101	综合人工 安装	工日	3.3196	1.3200
材料	Z25050001	成套灯具	套	(10.1000)	(8.0800)
	28030215	铜芯聚氯乙烯绝缘线 BV-2.5mm²	m	89.0460	34.2000
	29060818	金属软管 DN15	m		2.0600
	03011106	木螺钉 M2～4×6～65	10个	0.8400	
	03012108	自攻螺钉 M2～4×6～20	10个		16.6000
	03012109	自攻螺钉 M2～4×20～75	10个	2.1200	
	03018173	膨胀螺栓(钢制) M10	套	32.6400	
	03018807	塑料膨胀管(尼龙胀管) M6～8	个	8.2400	
	03210203	硬质合金冲击钻头 ϕ6～8	根	0.0720	
	03210209	硬质合金冲击钻头 ϕ10～12	根	0.4080	
	27150312	瓷接头 双路	个	10.3000	8.2400
	29062211	金属软管接头 DN15	个		10.3000
	29090251	铜接线端子 20A	个		6.0900
	X0045	其他材料费	%	8.7600	2.0000

五、医疗专用灯

工作内容：安装。

定额编号				B-1-11-25	B-1-11-26	B-1-11-27	B-1-11-28
项目				病房指示灯	紫外线杀菌灯	无影灯	观片灯
名称			单位	10套	10套	10套	10套
人工	00050101	综合人工 安装	工日	2.2000	1.4800	20.1600	4.9100
材料	Z25050001	成套灯具	套	(10.1000)	(10.1000)	(10.1000)	
	28030215	铜芯聚氯乙烯绝缘线 BV-2.5mm²	m	8.1400	3.0500	335.9000	8.1400
	01290319	热轧钢板(中厚板) δ11～20	kg			51.0000	
	03011106	木螺钉 M2～4×6～65	10个	8.3200			
	03018176	膨胀螺栓(钢制) M16	套			40.6000	
	03018807	塑料膨胀管(尼龙胀管) M6～8	个	20.6000	20.6000		
	03210211	硬质合金冲击钻头 ϕ14～16	根			0.3400	
	05254005	圆木台 ϕ63～138	块		21.0000		
	27150312	瓷接头 双路	个	10.3000		10.3000	
	28030813	聚氯乙烯双股胶质软线 2×23/0.15mm²	m		15.2700		
	X0045	其他材料费	%	10.0000	5.0000	5.0000	10.3500

六、装 饰 灯 具

工作内容：安装。

定额编号				B-1-11-29	B-1-11-30	B-1-11-31	B-1-11-32
项目				多头吊灯	蜡烛灯	挂片灯	串珠(穗)串棒灯
							直径1000mm以内
名称			单位	10套	10套	10套	10套
人工	00050101	综合人工 安装	工日	7.9121	49.3690	15.1610	34.8280
材料	Z25050001	成套灯具	套	(10.1000)	(10.1000)	(10.1000)	(10.1000)
	28030215	铜芯聚氯乙烯绝缘线 BV-2.5mm²	m	3.9680	13.2300	6.1000	22.4000
	01010420	热轧光圆钢筋(HPB300) ϕ10～12	kg	1.6210			
	01010423	热轧光圆钢筋(HPB300) ϕ15～24	kg	1.9710			
	01090110	圆钢 ϕ5.5～9	kg	0.3300			
	03018174	膨胀螺栓(钢制) M12	套		11.0160	18.3600	11.0160
	03018176	膨胀螺栓(钢制) M16	套		7.3440		7.3440
	03018807	塑料膨胀管(尼龙胀管) M6～8	个	36.4320			
	03210209	硬质合金冲击钻头 ϕ10～12	根		0.0900	0.1500	0.0900
	03210211	硬质合金冲击钻头 ϕ14～16	根		0.0600		0.0600
	05254007	圆木台 ϕ150～250	块		10.5000	10.5000	10.5000
	27150312	瓷接头 双路	个	16.4800		31.5650	37.0800
	28030813	聚氯乙烯双股胶质软线 2×23/0.15mm²	m		16.5980	10.0870	10.1800
	X0045	其他材料费	%	7.9700	7.9600	6.1800	7.6900

工作内容：安装。

定额编号				B-1-11-33	B-1-11-34	B-1-11-35	B-1-11-36
项目				串珠(穗)串棒灯		吊杆式组合灯	玻璃罩灯(带装饰)
				直径1500mm以内	直径2000mm以内		
名称			单位	10套	10套	10套	10套
人工	00050101	综合人工 安装	工日	66.2580	92.3890	56.0060	9.6210
材料	Z25050001	成套灯具	套	(10.1000)	(10.1000)	(10.1000)	(10.1000)
	28030215	铜芯聚氯乙烯绝缘线 BV-2.5mm²	m	22.4000	22.4000	337.9310	13.2300
	03018173	膨胀螺栓(钢制) M10	套			102.0000	
	03018174	膨胀螺栓(钢制) M12	套			48.9600	5.5080
	03018175	膨胀螺栓(钢制) M14	套	8.1600			12.8520
	03018176	膨胀螺栓(钢制) M16	套	12.2400	12.2400		
	03018178	膨胀螺栓(钢制) M20	套		16.3200		
	03210209	硬质合金冲击钻头 ϕ10～12	根			1.2580	0.1500
	03210211	硬质合金冲击钻头 ϕ14～16	根	0.1700	0.1020		
	03210213	硬质合金冲击钻头 ϕ18～20	根		0.1360		
	05254007	圆木台 ϕ150～250	块				10.5000
	27150312	瓷接头 双路	个	88.5800	112.2300	103.0000	38.2130
	28030813	聚氯乙烯双股胶质软线 2×23/0.15mm²	m	46.8280	121.5660		
	X0045	其他材料费	%	5.8200	5.9500	9.3000	6.1000

工作内容：安装。

定额编号				B-1-11-37	B-1-11-38	B-1-11-39
项目				内藏组合式灯	立体广告灯箱	LED灯带
名称			单位	10套	m	10m
人工	00050101	综合人工 安装	工日	2.4750	0.2820	0.8000
材料	Z25011851	LED灯带	10m			(1.0100)
	Z25050001	成套灯具	套	(10.1000)	(0.8080)	
	28030215	铜芯聚氯乙烯绝缘线 BV-2.5mm²	m	7.4760	4.2750	0.6100
	03012108	自攻螺钉 M2～4×6～20	10个		1.6600	2.0800
	03018172	膨胀螺栓(钢制) M8	套	20.1450		
	03018174	膨胀螺栓(钢制) M12	套		3.2640	
	03210203	硬质合金冲击钻头 ϕ6～8	根	0.4050		
	03210209	硬质合金冲击钻头 ϕ10～12	根		0.0190	
	27150312	瓷接头 双路	个		0.8240	
	29060818	金属软管 DN15	m		0.8240	
	29062211	金属软管接头 DN15	个		1.6480	
	29090251	铜接线端子 20A	个		0.8120	
	29252611	电缆固定卡子 ϕ32	个			21.0000
	X0045	其他材料费	%	7.4000	2.0000	10.0000

七、标志、诱导灯

工作内容：安装。

定额编号				B-1-11-40
项目				标志、诱导灯
名称			单位	10套
人工	00050101	综合人工 安装	工日	1.8220
材料	Z25050001	成套灯具	套	(10.1000)
	28030215	铜芯聚氯乙烯绝缘线 BV-2.5mm^2	m	4.7840
	03011106	木螺钉 M2～4×6～65	10个	2.6520
	03018173	膨胀螺栓(钢制) M10	套	10.2000
	03018807	塑料膨胀管(尼龙胀管) M6～8	个	8.2400
	03210209	硬质合金冲击钻头 ϕ10～12	根	0.1900
	05254007	圆木台 ϕ150～250	块	6.3000
	27150312	瓷接头 双路	个	7.2100
	28030813	聚氯乙烯双股胶质软线 2×23/0.15mm^2	m	1.5270
	X0045	其他材料费	%	10.0000

八、点光源装饰灯具

工作内容：安装。

定额编号				B-1-11-41	B-1-11-42	B-1-11-43	B-1-11-44
项目				顶棚嵌入式筒灯	吸顶式	地面射灯	外立面点光源
名称			单位	10套	10套	10套	10套
人工	00050101	综合人工 安装	工日	1.4220	1.0280	3.8540	1.5100
材料	Z25050001	成套灯具	套	(10.1000)	(10.1000)	(10.1000)	(10.1000)
	29110111	接线盒(箱) 铸铁	个			10.2000	
	28030215	铜芯聚氯乙烯绝缘线 BV-2.5mm^2	m	13.2300	3.0500	22.2320	4.5800
	03011106	木螺钉 M2～4×6～65	10个		2.0800		
	03012109	自攻螺钉 M2～4×20～75	10个	5.3000			
	03017208	半圆头镀锌螺栓连母垫 M2～5×15～50	10套			2.0600	
	03018171	膨胀螺栓(钢制) M6	套			45.6960	
	03018807	塑料膨胀管(尼龙胀管) M6～8	个		20.6000	20.6000	
	03210203	硬质合金冲击钻头 ϕ6～8	根		0.1600	0.3160	
	27150312	瓷接头 双路	个	10.3000	6.1800	11.5360	
	29090212	铜接线端子 DT-2.5	个			11.3680	10.1500
	X0045	其他材料费	%	5.0000	10.0000	8.6100	5.3400
机械	99250010	交流弧焊机 21kV·A	台班				0.6000

工作内容:安装。

定　额　编　号				B-1-11-45
项　　目				立面轮廓灯
名　　称			单位	m
人工	00050101	综合人工 安装	工日	0.2484
材料	Z25050001	成套灯具	套	(0.8080)
	28030215	铜芯聚氯乙烯绝缘线 BV-2.5mm^2	m	3.9330
	03012234	镀锌自攻螺钉 M6×30	10个	0.1660
	03018173	膨胀螺栓(钢制) M10	套	1.9584
	03210209	硬质合金冲击钻头 ϕ10～12	根	0.0114
	27150312	瓷接头 双路	个	0.8240
	29060811	金属软管	m	0.5768
	29062211	金属软管接头 DN15	个	1.4008
	29090212	铜接线端子 DT-2.5	个	0.7308
	X0045	其他材料费	%	5.3500
机械	99250010	交流弧焊机 21kV·A	台班	0.2400

九、景观灯及路灯

工作内容:安装。

定　额　编　号				B-1-11-46	B-1-11-47	B-1-11-48	B-1-11-49
项　　目				草坪灯	树挂彩灯		庭院路灯
					网灯型	线型	5m≥H≥1.5m
							3火以内
名　　称			单位	10套	m^2	m	10套
人工	00050101	综合人工 安装	工日	3.0140	0.0690	0.0498	8.3669
材料	Z25050001	成套灯具	套	(10.1000)			(10.1000)
	Z25050003	成套灯具	m^2		(1.0100)		
	Z25050005	成套灯具	m			(1.0100)	
	28030215	铜芯聚氯乙烯绝缘线 BV-2.5mm^2	m	1.6280	0.0860	0.0638	
	28030216	铜芯聚氯乙烯绝缘线 BV-4mm^2	m	24.4320			
	03015224	地脚螺栓 M12	套	24.4800			40.8000
	03018173	膨胀螺栓(钢制) M10	套	8.1600			
	03152501	镀锌铁丝	kg		0.1030	0.1026	
	03210209	硬质合金冲击钻头 ϕ10～12	根	0.0480			
	27011522	羊角熔断器 5A	个	6.1800			
	27150312	瓷接头 双路	个	10.3000			10.3000
	29174001	尼龙扎带	根		5.0900	3.0860	
	X0045	其他材料费	%	10.0100	10.0000	10.0000	11.5000
机械	99090360	汽车式起重机 8t	台班				0.1848

工作内容:安装。

定额编号				B-1-11-50	B-1-11-51	B-1-11-52	B-1-11-53
项目				庭院路灯	马路灯		单臂悬挑灯架安装
				5m≥ H≥1.5m	水泥杆顶安装	钢管杆顶安装	
				7 火以内			
名称			单位	10 套	10 套	10 套	10 套
人工	00050101	综合人工 安装	工日	11.5018	7.3470	14.9474	5.7075
材料	Z25050001	成套灯具	套	(10.1000)	(10.1000)	(10.1000)	
	Z25610701	成套灯具灯架	套				(10.1000)
	03015122	沉头螺栓连母垫 M10×20	套				40.8000
	03015224	地脚螺栓 M12	套	40.8000		40.8000	
	03017208	半圆头镀锌螺栓连母垫 M2～5×15～50	10 套				3.0600
	25610501	弯灯抱箍	套				5.2500
	27011522	羊角熔断器 5A	个				5.1500
	27011523	羊角熔断器 10A	个				5.1500
	27110111	鼓形绝缘子 G38	个				41.8050
	27150312	瓷接头 双路	个	20.6000	14.4200	14.4200	
	29213361	抱箍(U 型)	套				10.0500
	X0045	其他材料费	%	9.4100		10.5000	7.6400
机械	99070530	载重汽车 5t	台班				0.3525
	99090360	汽车式起重机 8t	台班	0.3760	0.6850	1.0000	
	99091900	汽车式高空作业车 18m	台班				0.4375

工作内容：安装。

定额编号				B-1-11-54	B-1-11-55	B-1-11-56	B-1-11-57
项目				高杆灯	太阳能路灯	风光互补太阳能路灯	太阳能庭院路灯
				灯高 11m 以下	10m 以下		5m 以下
名称			单位	10 套	10 套	10 套	10 套
人工	00050101	综合人工 安装	工日	41.6455	49.2960	56.9560	21.3840
材料	Z25050001	成套灯具	套	(10.1000)	(10.1000)	(10.1000)	(10.1000)
	28030216	铜芯聚氯乙烯绝缘线 BV-4mm^2	m	109.3050			
	28030906	铜芯橡皮绝缘电线 BX-500V 2.5mm^2	m		2.2000	2.2000	2.2000
	01130334	热轧镀锌扁钢 25～45	kg		16.5000	16.5000	16.5000
	01291901	钢板垫板	kg		2.2500	2.2500	2.2500
	02130209	聚氯乙烯带(PVC) 宽度 20×40m	卷		0.0370	0.0370	0.0343
	03015224	地脚螺栓 M12	套	81.6000	40.8000	40.8000	40.8000
	03018175	膨胀螺栓(钢制) M14	套		20.5000	20.5000	17.9000
	03130101	电焊条	kg		1.1300	1.1300	1.1300
	03131801	焊锡丝	kg		1.1300	1.1300	1.1300
	03131941	焊锡膏 50g/瓶	kg		0.2300	0.2300	0.2300
	03210211	硬质合金冲击钻头 ϕ14～16	根		0.3000	0.3000	0.2500
	13010115	酚醛调和漆	kg		0.7500	0.7500	0.7500
	13050511	醇酸防锈漆 C53-1	kg		0.7500	0.7500	0.7500
	14030101	汽油	kg		0.3800	0.3800	0.3800
	14090611	电力复合酯 一级	kg		0.6600	1.1600	0.5800
	27150312	瓷接头 双路	个	82.9150	10.3000	10.3000	10.3000
	27170418	电气绝缘胶带(PVC) 20×10m	卷		2.0000	2.0000	2.0000
	X0045	其他材料费	%	5.0000	3.0000	3.0000	2.0000
机械	98051140	数字万用表 PS-56	台班		0.6000	0.6000	0.6000
	99070530	载重汽车 5t	台班	0.7500	0.8400	0.8400	0.0500
	99090360	汽车式起重机 8t	台班	1.8700	1.9600	1.9600	0.4440
	99091900	汽车式高空作业车 18m	台班	1.8700			
	99091910	汽车式高空作业车 21m	台班		2.3850	2.3850	0.4700
	99250010	交流弧焊机 21kV·A	台班		1.0500	1.3300	0.5600

工作内容:安装。

定额编号				B-1-11-58	B-1-11-59	B-1-11-60	B-1-11-61
项目				太阳能草坪灯	水下艺术灯	水上艺术灯	
					彩灯	聚、追、投光灯	频闪器灯
名称			单位	10套	10套	10套	10套
人工	00050101	综合人工 安装	工日	2.9560	1.6920	2.4290	17.7800
材料	Z25050001	成套灯具	套	(10.1000)	(10.1000)	(10.1000)	(10.1000)
	28030215	铜芯聚氯乙烯绝缘线 BV-2.5mm^2	m	19.8500			
	02050711	橡胶密封圈 DN50	个		15.0000		
	03018171	膨胀螺栓(钢制) M6	套	48.9600			
	03018174	膨胀螺栓(钢制) M12	套		21.4200	26.5200	20.4000
	03210203	硬质合金冲击钻头 ϕ6～8	根	0.3000			
	03210209	硬质合金冲击钻头 ϕ10～12	根		0.1260	0.1560	0.1200
	27150312	瓷接头 双路	个	10.3000			
	29090212	铜接线端子 DT-2.5	个	10.1500			
	X0045	其他材料费	%	2.0000	12.2200	2.0000	2.0000

工作内容:安装。

定额编号				B-1-11-62
项目				水上艺术灯
				雷达灯
名称			单位	10套
人工	00050101	综合人工 安装	工日	44.4000
材料	Z25050001	成套灯具	套	(10.1000)
	03018174	膨胀螺栓(钢制) M12	套	20.4000
	03210209	硬质合金冲击钻头 ϕ10～12	根	0.1200
	X0045	其他材料费	%	2.0000
机械	99090360	汽车式起重机 8t	台班	0.3300

十、安全变压器及民用电器安装

工作内容:1. 安装、接线、接地。
2，3，4. 安装。

定额编号				B-1-11-63	B-1-11-64	B-1-11-65	B-1-11-66
项目				安全变压器安装	电铃安装	电铃号牌箱安装	门铃
名称			单位	台	套	套	10个
人工	00050101	综合人工 安装	工日	0.2378	0.1670	0.5446	1.1480
材料	Z26050401	照明开关	个			(1.0200)	
	Z26150101	门铃	套				(10.0000)
	Z34130215	电铃号牌箱	个			(1.0000)	
	Z55350351	电铃	只		(1.0000)	(1.0000)	
	Z55430201	干式安全变压器	台	(1.0000)			
	28010111	裸铜线 $4mm^2$	m	0.5100			
	28030215	铜芯聚氯乙烯绝缘线 BV-$2.5mm^2$	m				3.0500
	03011106	木螺钉 M2～4×6～65	10个		0.5096	2.0800	2.7040
	03011118	木螺钉 M4.5～6×15～100	10个		0.2184		
	03015125	沉头螺栓连母垫 M16×25	套	4.0800			
	03018807	塑料膨胀管(尼龙胀管) M6～8	个				18.5400
	03152516	镀锌铁丝 $18^{\#}$～$22^{\#}$	kg				0.0400
	05110112	空心木板 250×350×25	块		0.3150		
	05110113	空心木板 350×450×25	块		0.3150	1.0500	
	05110114	空心木板 450×550×25	块		0.4200		
	27011014	瓷插熔断器 RC1A-5A	个			1.0300	
	27150313	瓷接头 ϕ10～16×25	个		2.0600		
	X0045	其他材料费	%	10.0000	3.6900	6.0000	10.0000

工作内容: 1. 安装、调速开关安装。
2，3，4. 安装。

定额编号				B-1-11-67	B-1-11-68	B-1-11-69	B-1-11-70
项目				风扇安装	浴霸安装接线	插卡取电开关	多联组合开关插座
名称			单位	台	台	10套	10套
人工	00050101	综合人工 安装	工日	0.5340	0.3450	0.6400	1.3500
材料	Z21270301	浴霸	个		(1.0100)		
	Z26090511	插卡取电开关	个			(10.2000)	
	Z26110101	吊扇调速开关	个	(1.0100)			
	Z26411251	组合开关插座(多联)	套				(10.0000)
	Z50330101	吊扇	台	(0.4000)			
	Z50330201	壁扇	台	(0.6000)			
	01010420	热轧光圆钢筋(HPB300) ϕ10～12	kg	0.1520			
	03011106	木螺钉 M2～4×6～65	10个	0.1680	0.6240	2.0800	2.0800
	03017208	半圆头镀锌螺栓连母垫 M2～5×15～50	10套		0.4100		
	03018172	膨胀螺栓(钢制) M8	套	1.8300			
	03018807	塑料膨胀管(尼龙胀管) M6～8	个	2.2000	2.2000		22.0000
	03152516	镀锌铁丝 18#～22#	kg			0.1000	
	03210203	硬质合金冲击钻头 ϕ6～8	根	0.0140	0.0140		0.1400
	05110111	空心木板 125×250×25	块	0.4200	1.0000		
	05254007	圆木台 ϕ150～250	块	0.6300			
	27150312	瓷接头 双路	个	0.4120			
	27170211-1	黄蜡带 20×10m	卷		0.0100		
	27170416	电气绝缘胶带(PVC) 18×20m	卷		0.0100		
	29060906	电气塑料软管 ϕ8	m		0.5000		
	28030215	铜芯聚氯乙烯绝缘线 BV-2.5mm²	m			4.5800	
	X0045	其他材料费	%	9.9500	5.0000	10.0000	10.0000

工作内容:安装。

定额编号				B-1-11-71	B-1-11-72	B-1-11-73	B-1-11-74
项目				密闭开关	地埋暗插座	须刨插座	防爆插座 单相安全插座
名称			单位	10套	10套	10套	10套
人工	00050101	综合人工 安装	工日	0.8700	2.4243	0.8300	2.0480
材料	Z26210401	成套按钮	个	(10.2000)			
	Z26410901	成套插座	个		(10.2000)	(10.2000)	
	Z26411101	防爆插座	个				(10.2000)
	28030215	铜芯聚氯乙烯绝缘线 BV-2.5mm^2	m	5.1500	2.7460	4.5800	1.3740
	28030216	铜芯聚氯乙烯绝缘线 BV-4mm^2	m		2.7460		1.3740
	28030217	铜芯聚氯乙烯绝缘线 BV-6mm^2	m				1.8320
	29110111	接线盒(箱) 铸铁	个		10.2000		10.2000
	03011106	木螺钉 M2～4×6～65	10个	2.0800		4.0800	
	03011118	木螺钉 M4.5～6×15～100	10个		4.0800		
	03017208	半圆头镀锌螺栓连母垫 M2～5×15～50	10套		2.0600		2.0600
	03018807	塑料膨胀管(尼龙胀管) M6～8	个		20.6000		20.6000
	03152516	镀锌铁丝 18#～22#	kg	0.1000	0.1000	0.1000	0.1000
	X0045	其他材料费	%	6.0000	9.7900	10.0000	9.7800

工作内容:安装。

定额编号				B-1-11-75
项目				防爆插座 三相安全插座
名称			单位	10套
人工	00050101	综合人工 安装	工日	2.2620
材料	Z26411101	防爆插座	个	(10.2000)
	29110111	接线盒(箱) 铸铁	个	10.2000
	28030215	铜芯聚氯乙烯绝缘线 BV-2.5mm^2	m	1.8300
	28030216	铜芯聚氯乙烯绝缘线 BV-4mm^2	m	1.8300
	28030217	铜芯聚氯乙烯绝缘线 BV-6mm^2	m	2.4400
	03017208	半圆头镀锌螺栓连母垫 M2～5×15～50	10套	2.0600
	03018807	塑料膨胀管(尼龙胀管) M6～8	个	20.6000
	03152516	镀锌铁丝 18#～22#	kg	0.1000
	X0045	其他材料费	%	9.8300

第二节　定额含量

一、普通灯具

工作内容:安装。

定额编号			B-1-11-1	B-1-11-2	B-1-11-3	B-1-11-4
项目			吸顶灯	软线(吊链)吊顶及座灯头	壁灯及诱导灯	地坪嵌装灯
			10套	10套	10套	10套
预算定额编号	预算定额名称	预算定额单位	数量			
03-4-12-1	圆球吸顶灯 灯罩直径 300mm以内	10套	0.1000			
03-4-12-2	方型吸顶灯 矩形罩	10套	0.1000			
03-4-12-3	方型吸顶灯 大口方罩	10套	0.2000			
03-4-12-4	方型吸顶灯 二联方罩	10套	0.3000			
03-4-12-5	方型吸顶灯 四联方罩	10套	0.3000			
03-4-12-6	其他普通灯具安装 软线吊灯	10套		0.2000		
03-4-12-7	其他普通灯具安装 吊链灯	10套		0.2000		
03-4-12-8	其他普通灯具安装 一般弯杆灯	10套		0.4000		
03-4-12-12	其他普通灯具安装 座灯头	10套		0.2000		
03-4-12-9	其他普通灯具安装 一般壁灯	10套			0.4000	
03-4-12-10	其他普通灯具安装 太平门灯	10套			0.4000	
03-4-12-11	其他普通灯具安装 一般信号灯	10套			0.2000	
03-4-12-13	其他普通灯具安装 地坪嵌装灯 地板下安装	10套				0.2000
03-4-12-14	其他普通灯具安装 地坪嵌装灯 水泥地坪下安装	10套				0.4000
03-4-12-15	其他普通灯具安装 游泳池壁灯	10套				0.4000
03-4-11-403	地坪内安装插座盒、接线盒(铸铁)	10个				1.0000

二、工厂灯及广照投光灯

工作内容：安装。

定额编号			B-1-11-5	B-1-11-6	B-1-11-7	B-1-11-8
项目			工厂罩灯	防水防尘灯	碘钨灯、投光灯	泛光灯
			10套	10套	10套	10套
预算定额编号	预算定额名称	预算定额单位	数量			
03-4-12-16	工厂罩灯安装 吊管(链)式	10套	0.2000			
03-4-12-17	工厂罩灯安装 吸顶式	10套	0.2000			
03-4-12-18	工厂罩灯安装 弯杆式	10套	0.3000			
03-4-12-19	工厂罩灯安装 悬挂式	10套	0.3000			
03-4-12-20	防水防尘灯安装 直杆式	10套		0.3000		
03-4-12-21	防水防尘灯安装 弯杆式	10套		0.3000		
03-4-12-22	防水防尘灯安装 吸顶式	10套		0.4000		
03-4-12-23	碘钨灯、投光灯安装 防潮灯(腰形船顶灯)	10套			0.2000	
03-4-12-24	碘钨灯、投光灯安装 碘钨灯	10套			0.2000	
03-4-12-25	碘钨灯、投光灯安装 管形氙气灯	10套			0.3000	
03-4-12-26	碘钨灯、投光灯安装 投光灯	10个			0.3000	
03-4-12-27	泛光灯 墙上安装	10个				0.4000
03-4-12-28	泛光灯 地坪上安装	10个				0.3000
03-4-12-29	泛光灯 杆上安装	10个				0.3000

工作内容：安装。

定　额　编　号			B-1-11-9	B-1-11-10	B-1-11-11	B-1-11-12
项　　目			密闭灯			混光灯
			安全防爆灯	防爆灯	防爆荧光灯	
			10套	10套	10套	10套
预算定额编号	预算定额名称	预算定额单位	数　　量			
03-4-12-31	密闭灯具安装 安全灯 直杆式	10套	0.6000			
03-4-12-32	密闭灯具安装 安全灯 弯杆式	10套	0.4000			
03-4-12-33	密闭灯具安装 防爆灯 直杆式	10套		0.6000		
03-4-12-34	密闭灯具安装 防爆灯 弯杆式	10套		0.4000		
03-4-12-37	密闭灯具安装 防爆荧光灯 单管	10套			0.4000	
03-4-12-38	密闭灯具安装 防爆荧光灯 双管	10套			0.6000	
03-4-12-39	混光灯安装 吸顶式	10套				0.3000
03-4-12-40	混光灯安装 吊杆式	10套				0.1000
03-4-12-41	混光灯安装 吊链式	10套				0.3000
03-4-12-42	混光灯安装 嵌入式	10套				0.3000
03-4-11-402	防爆接线盒(铸铁)安装	10个	1.0000	1.0000	1.0000	

三、标识(障碍)灯

工作内容：安装。

定　额　编　号			B-1-11-13	B-1-11-14
项　　目			烟囱、水塔塔架标识灯	
			100m以内	200m以内
			10套	10套
预算定额编号	预算定额名称	预算定额单位	数　　量	
03-4-12-43	烟囱、水塔、独立式塔架标志灯安装 高度30m以内	10套	0.1000	
03-4-12-44	烟囱、水塔、独立式塔架标志灯安装 高度50m以内	10套	0.1000	
03-4-12-45	烟囱、水塔、独立式塔架标志灯安装 高度100m以内	10套	0.8000	
03-4-12-46	烟囱、水塔、独立式塔架标志灯安装 高度120m以内	10套		0.1000
03-4-12-47	烟囱、水塔、独立式塔架标志灯安装 高度150m以内	10套		0.1000
03-4-12-48	烟囱、水塔、独立式塔架标志灯安装 高度200m以内	10套		0.8000

四、荧　光　灯

工作内容:安装。

定　额　编　号			B-1-11-15	B-1-11-16	B-1-11-17	B-1-11-18
项　　目			单管荧光灯	双管荧光灯	三管荧光灯	四管荧光灯
			10套	10套	10套	10套
预算定额编号	预算定额名称	预算定额单位	数　　量			
03-4-12-49	荧光灯具安装 吊链式 单管	10套	0.2000			
03-4-12-53	荧光灯具安装 吊管式 单管	10套	0.2000			
03-4-12-57	荧光灯具安装 吸顶式 单管	10套	0.3000			
03-4-12-61	荧光灯具安装 嵌入式 单管	10套	0.3000			
03-4-12-50	荧光灯具安装 吊链式 双管	10套		0.2000		
03-4-12-54	荧光灯具安装 吊管式 双管	10套		0.2000		
03-4-12-58	荧光灯具安装 吸顶式 双管	10套		0.3000		
03-4-12-62	荧光灯具安装 嵌入式 双管	10套		0.3000		
03-4-12-51	荧光灯具安装 吊链式 三管	10套			0.2000	
03-4-12-55	荧光灯具安装 吊管式 三管	10套			0.2000	
03-4-12-59	荧光灯具安装 吸顶式 三管	10套			0.3000	
03-4-12-63	荧光灯具安装 嵌入式 三管	10套			0.3000	
03-4-12-52	荧光灯具安装 吊链式 四管	10套				0.2000
03-4-12-56	荧光灯具安装 吊管式 四管	10套				0.2000
03-4-12-60	荧光灯具安装 吸顶式 四管	10套				0.3000
03-4-12-64	荧光灯具安装 嵌入式 四管	10套				0.3000

工作内容:安装。

定　额　编　号			B-1-11-19	B-1-11-20	B-1-11-21	B-1-11-22
项　　目			荧光灯线槽下安装式	组合荧光灯光带		
				单管	双管	三管
			10套	10套	10套	10套
预算定额编号	预算定额名称	预算定额单位	数　　量			
03-4-12-65	荧光灯具安装 线槽下安装 单管	10套	0.3000			
03-4-12-66	荧光灯具安装 线槽下安装 双管	10套	0.3000			
03-4-12-67	荧光灯具安装 线槽下安装 三管	10套	0.4000			
03-4-12-183	组合荧光灯光带 吊杆式 单管	10套		0.2000		
03-4-12-187	组合荧光灯光带 吸顶式 单管	10套		0.4000		
03-4-12-191	组合荧光灯光带 嵌入式 单管	10套		0.4000		
03-4-12-184	组合荧光灯光带 吊杆式 双管	10套			0.2000	
03-4-12-188	组合荧光灯光带 吸顶式 双管	10套			0.4000	
03-4-12-192	组合荧光灯光带 嵌入式 双管	10套			0.4000	
03-4-12-185	组合荧光灯光带 吊杆式 三管	10套				0.2000
03-4-12-189	组合荧光灯光带 吸顶式 三管	10套				0.4000
03-4-12-193	组合荧光灯光带 嵌入式 三管	10套				0.4000

工作内容:安装。

定　额　编　号			B-1-11-23	B-1-11-24
项　　目			组合荧光灯光带	荧光灯光沿
			四管	
			10套	10m
预算定额编号	预算定额名称	预算定额单位	数　　量	
03-4-12-186	组合荧光灯光带 吊杆式 四管	10套	0.2000	
03-4-12-190	组合荧光灯光带 吸顶式 四管	10套	0.4000	
03-4-12-194	组合荧光灯光带 嵌入式 四管	10套	0.4000	
03-4-12-204	其他灯具 荧光灯光沿	10m		1.0000

五、医疗专用灯

工作内容:安装。

定　额　编　号			B-1-11-25	B-1-11-26	B-1-11-27	B-1-11-28
项　　目			病房指示灯	紫外线杀菌灯	无影灯	观片灯
			10套	10套	10套	10套
预算定额编号	预算定额名称	预算定额单位	数　　量			
03-4-12-70	医院灯具安装 病房指示(暗脚)灯	10套	1.0000			
03-4-12-71	医院灯具安装 紫外线杀菌灯	10套		1.0000		
03-4-12-72	医院灯具安装 无影灯	套			10.0000	
03B-4-12-72-1	观片灯	套				10.0000

六、装 饰 灯 具

工作内容:安装。

定额编号			B-1-11-29	B-1-11-30	B-1-11-31	B-1-11-32
项目			多头吊灯	蜡烛灯	挂片灯	串珠(穗)串棒灯 直径 1000mm 以内
			10套	10套	10套	10套
预算定额编号	预算定额名称	预算定额单位	数量			
03-4-12-73	普通吊灯安装 一头花灯	10套	0.1000			
03-4-12-74	普通吊灯安装 三头花灯	10套	0.1000			
03-4-12-75	普通吊灯安装 五头花灯	10套	0.2000			
03-4-12-76	普通吊灯安装 七头花灯	10套	0.3000			
03-4-12-77	普通吊灯安装 九头花灯	10套	0.3000			
03-4-12-78	蜡烛灯 直径×垂吊长度 300×500mm 以内	10套		0.1000		
03-4-12-79	蜡烛灯 直径×垂吊长度 400×500mm 以内	10套		0.1000		
03-4-12-80	蜡烛灯 直径×垂吊长度 500×600mm 以内	10套		0.2000		
03-4-12-81	蜡烛灯 直径×垂吊长度 600×600mm 以内	10套		0.2000		
03-4-12-82	蜡烛灯 直径×垂吊长度 900×700mm 以内	10套		0.2000		
03-4-12-83	蜡烛灯 直径×垂吊长度 1400×1400mm 以内	10套		0.2000		
03-4-12-84	挂片灯 直径×垂吊长度 350×350mm 以内	10套			0.1000	
03-4-12-85	挂片灯 直径×垂吊长度 450×450mm 以内	10套			0.1000	
03-4-12-86	挂片灯 直径×垂吊长度 550×550mm 以内	10套			0.2000	
03-4-12-87	挂片灯 直径×垂吊长度 650×600mm 以内	10套			0.3000	
03-4-12-88	挂片灯 直径×垂吊长度 900×1100mm 以内	10套			0.3000	
03-4-12-89	串珠(穗)串棒灯 直径×垂吊长度 600×650mm 以内	10套				0.1000
03-4-12-90	串珠(穗)串棒灯 直径×垂吊长度 600×800mm 以内	10套				0.1000
03-4-12-91	串珠(穗)串棒灯 直径×垂吊长度 600×1200mm 以内	10套				0.2000
03-4-12-92	串珠(穗)串棒灯 直径×垂吊长度 1000×800mm 以内	10套				0.2000
03-4-12-93	串珠(穗)串棒灯 直径×垂吊长度 1000×1000mm 以内	10套				0.3000
03-4-12-94	串珠(穗)串棒灯 直径×垂吊长度 1000×1200mm 以内	10套				0.1000

工作内容:安装。

定额编号			B-1-11-33	B-1-11-34	B-1-11-35	B-1-11-36
项目			串珠(穗)串棒灯		吊杆式组合灯	玻璃罩灯(带装饰)
			直径1500mm以内	直径2000mm以内		
			10套	10套	10套	10套
预算定额编号	预算定额名称	预算定额单位	数量			
03-4-12-95	串珠(穗)串棒灯 直径×垂吊长度 1200×1200mm以内	10套	0.1000			
03-4-12-96	串珠(穗)串棒灯 直径×垂吊长度 1200×1600mm以内	10套	0.1000			
03-4-12-97	串珠(穗)串棒灯 直径×垂吊长度 1200×2000mm以内	10套	0.2000			
03-4-12-99	串珠(穗)串棒灯 直径×垂吊长度 1500×1700mm以内	10套	0.3000			
03-4-12-100	串珠(穗)串棒灯 直径×垂吊长度 1500×2500mm以内	10套	0.3000			
03-4-12-101	串珠(穗)串棒灯 直径×垂吊长度 1800×1000mm以内	10套		0.1000		
03-4-12-102	串珠(穗)串棒灯 直径×垂吊长度 1800×1500mm以内	10套		0.1000		
03-4-12-103	串珠(穗)串棒灯 直径×垂吊长度 1800×2500mm以内	10套		0.2000		
03-4-12-104	串珠(穗)串棒灯 直径×垂吊长度 2000×1000mm以内	10套		0.2000		
03-4-12-105	串珠(穗)串棒灯 直径×垂吊长度 2000×2500mm以内	10套		0.3000		
03-4-12-106	串珠(穗)串棒灯 直径×垂吊长度 2000×3500mm以内	10套		0.1000		
03-4-12-107	吊杆式组合灯 直径×垂吊长度 500×1750mm以内	10套			0.1000	
03-4-12-108	吊杆式组合灯 直径×垂吊长度 700×1750mm以内	10套			0.1000	
03-4-12-109	吊杆式组合灯 直径×垂吊长度 900×1750mm以内	10套			0.2000	
03-4-12-110	吊杆式组合灯 直径×垂吊长度 1000×4200mm以内	10套			0.2000	
03-4-12-111	吊杆式组合灯 直径×垂吊长度 1800×4200mm以内	10套			0.3000	
03-4-12-112	吊杆式组合灯 直径×垂吊长度 3000×4200mm以内	10套			0.1000	
03-4-12-113	玻璃罩灯(带装饰) 直径×垂吊长度 900×500mm以内	10套				0.1000
03-4-12-114	玻璃罩灯(带装饰) 直径×垂吊长度 1100×700mm以内	10套				0.2000
03-4-12-115	玻璃罩灯(带装饰) 直径×垂吊长度 1500×850mm以内	10套				0.3000
03-4-12-116	玻璃罩灯(带装饰) 直径×垂吊长度 2000×1100mm以内	10套				0.4000

工作内容:安装。

定　额　编　号			B-1-11-37	B-1-11-38	B-1-11-39
项　　目			内藏组合式灯	立体广告灯箱	LED 灯带
			10 套	m	10m
预算定额编号	预算定额名称	预算定额单位	数　　量		
03-4-12-195	内藏组合式灯 方形组合	10 套	0.1000		
03-4-12-196	内藏组合式灯 日形组合	10 套	0.1000		
03-4-12-197	内藏组合式灯 田字形组合	10 套	0.2000		
03-4-12-198	内藏组合式灯 六边形组合	10 套	0.2000		
03-4-12-199	内藏组合式灯 锥形组合	10 套	0.2000		
03-4-12-200	内藏组合式灯 双管组合	10 套	0.1000		
03-4-12-201	内藏组合式灯 圆管光带	10 套	0.1000		
03-4-12-203	其他灯具 立体广告灯箱	m		1.0000	
03-4-12-205	其他灯具 LED 灯带	10m			1.0000

七、标志、诱导灯

工作内容:安装。

定　额　编　号			B-1-11-40
项　　目			标志、诱导灯
			10 套
预算定额编号	预算定额名称	预算定额单位	数　　量
03-4-12-222	标志、诱导装饰灯具安装 吸顶式	10 套	0.2000
03-4-12-223	标志、诱导装饰灯具安装 吊杆式	10 套	0.3000
03-4-12-224	标志、诱导装饰灯具安装 墙壁式	10 套	0.2000
03-4-12-225	标志、诱导装饰灯具安装 嵌入式	10 套	0.3000

八、点光源装饰灯具

工作内容：安装。

定额编号			B-1-11-41	B-1-11-42	B-1-11-43	B-1-11-44
项目			顶棚嵌入式筒灯	吸顶式	地面射灯	外立面点光源
			10套	10套	10套	10套
预算定额编号	预算定额名称	预算定额单位	数量			
03-4-12-227	点光源艺术装饰灯具安装 嵌入式 ϕ150	10套	0.3000			
03-4-12-228	点光源艺术装饰灯具安装 嵌入式 ϕ200	10套	0.3000			
03-4-12-229	点光源艺术装饰灯具安装 嵌入式 ϕ350	10套	0.4000			
03-4-12-226	点光源艺术装饰灯具安装 吸顶式	10套		0.6000		
03-4-12-230	点光源艺术装饰灯具安装 射灯吸顶式	10套		0.4000		
03-4-12-233	地面射灯 固定式	10套			0.4000	
03-4-12-234	地面射灯 嵌入式	10套			0.6000	
03-4-12-235	外立面点光源 灯具直径 ϕ150	10套				0.2000
03-4-12-236	外立面点光源 灯具直径 ϕ250	10套				0.2000
03-4-12-237	外立面点光源 灯具直径 ϕ350	10套				0.6000
03-4-11-403	地坪内安装插座盒、接线盒(铸铁)	10个			1.0000	

工作内容：安装。

定额编号			B-1-11-45
项目			立面轮廓灯
			m
预算定额编号	预算定额名称	预算定额单位	数量
03-4-12-238	立面轮廓灯 灯泡型	m	0.6000
03-4-12-239	立面轮廓灯 灯管型	m	0.4000

九、景观灯及路灯

工作内容:安装。

定额编号			B-1-11-46	B-1-11-47	B-1-11-48	B-1-11-49
项目			草坪灯	树挂彩灯		庭院路灯
				网灯型	线型	5m≥ H≥1.5m
						3 火以内
			10 套	m^2	10 套	10 套
预算定额编号	预算定额名称	预算定额单位	数量			
03-4-12-285	草坪灯具安装 立柱式	10 套	0.6000			
03-4-12-286	草坪灯具安装 嵌入式	10 套	0.4000			
03-4-12-287	树挂彩灯 网灯型	m^2		1.0000		
03-4-12-288	树挂彩灯 流星线型	m			0.4000	
03-4-12-289	树挂彩灯 串灯型	m			0.6000	
03-4-12-290	庭院路灯安装 灯柱(H=1.5m 以内)1 火	10 套				0.1000
03-4-12-291	庭院路灯安装 灯柱(H=1.5m 以内)3 火以内	10 套				0.2000
03-4-12-293	庭院路灯安装 灯柱(H=3m 以内)1 火	10 套				0.2000
03-4-12-294	庭院路灯安装 灯柱(H=3m 以内)3 火以内	10 套				0.2000
03-4-12-296	庭院路灯安装 灯柱(H=5m 以内)1 火	10 套				0.1000
03-4-12-297	庭院路灯安装 灯柱(H=5m 以内)3 火以内	10 套				0.2000

工作内容:安装。

定额编号			B-1-11-50	B-1-11-51	B-1-11-52	B-1-11-53
项目			庭院路灯	马路灯		单臂悬挑灯架安装
			5m≥H≥1.5m	水泥杆顶安装	钢管杆顶安装	
			7火以内			
			10套	10套	10套	10套
预算定额编号	预算定额名称	预算定额单位	数量			
03-4-12-292	庭院路灯安装 灯柱(H=1.5m以内)7火以内	10套	0.2000			
03-4-12-295	庭院路灯安装 灯柱(H=3m以内)7火以内	10套	0.4000			
03-4-12-298	庭院路灯安装 灯柱(H=5m以内)7火以内	10套	0.4000			
03-4-12-299	路灯安装 马路灯 杆顶安装(水泥杆)1火	10套		0.3000		
03-4-12-300	路灯安装 马路灯 杆顶安装(水泥杆)3火以内	10套		0.3000		
03-4-12-301	路灯安装 马路灯 杆顶安装(水泥杆)7火以内	10套		0.4000		
03-4-12-302	路灯安装 马路灯 杆顶安装(钢管)1火	10套			0.3000	
03-4-12-303	路灯安装 马路灯 杆顶安装(钢管)3火以内	10套			0.3000	
03-4-12-304	路灯安装 马路灯 杆顶安装(钢管)7火以内	10套			0.4000	
03-4-12-305	单臂悬挑灯架安装 臂长1200mm以下	10套				0.5000
03-4-12-306	单臂悬挑灯架安装 臂长1200mm以上	10套				0.5000

工作内容：安装。

定　额　编　号			B-1-11-54	B-1-11-55	B-1-11-56	B-1-11-57
项　　目			高杆灯	太阳能路灯	风光互补太阳能路灯	太阳能庭院路灯
			灯高 11m 以下	10m 以下		5m 以下
			10 套	10 套	10 套	10 套
预算定额编号	预算定额名称	预算定额单位	数　　量			
03-4-12-307	路灯安装 成套高杆灯 灯高 11m 以下 4 火以下	10 套	0.3000			
03-4-12-308	路灯安装 成套高杆灯 灯高 11m 以下 8 火以下	10 套	0.3000			
03-4-12-309	路灯安装 成套高杆灯 灯高 11m 以下 12 火以下	10 套	0.4000			
03-4-12-328	太阳能路灯 灯柱 8m 以下	10 套		0.4000		
03-4-12-329	太阳能路灯 灯柱 10m 以下	10 套		0.6000		
03-4-12-330	风光互补太阳能路灯 灯柱 8m 以下	10 套			0.4000	
03-4-12-331	风光互补太阳能路灯 灯柱 10m 以下	10 套			0.6000	
03-4-12-332	太阳能庭院路灯 灯柱 3m 以下	10 套				0.4000
03-4-12-333	太阳能庭院路灯 灯柱 5m 以下	10 套				0.6000

工作内容：安装。

定　额　编　号			B-1-11-58	B-1-11-59	B-1-11-60	B-1-11-61
项　　目			太阳能草坪灯	水下艺术灯	水上艺术灯	
				彩灯	聚、追、投光灯	频闪器灯
			10 套	10 套	10 套	10 套
预算定额编号	预算定额名称	预算定额单位	数　　量			
03-4-12-334	太阳能草坪灯 立柱式	10 套	0.4000			
03-4-12-335	太阳能草坪灯 嵌入式	10 套	0.6000			
03-4-12-276	水下艺术灯具安装 彩灯 简易形	10 套		0.2000		
03-4-12-277	水下艺术灯具安装 彩灯 密封形	10 套		0.2000		
03-4-12-278	水下艺术灯具安装 彩灯 喷水池灯	10 套		0.3000		
03-4-12-279	水下艺术灯具安装 彩灯 幻光形灯	10 套		0.3000		
03-4-12-280	水上艺术灯具安装 聚光灯	10 套			0.3000	
03-4-12-281	水上艺术灯具安装 追光灯	10 套			0.3000	
03-4-12-282	水上艺术灯具安装 投光灯	10 套			0.4000	
03-4-12-283	水上艺术灯具安装 频闪器灯	10 套				1.0000

工作内容:安装。

定额编号			B-1-11-62
项目			水上艺术灯
			雷达灯
			10套
预算定额编号	预算定额名称	预算定额单位	数量
03-4-12-284	水上艺术灯具安装 雷达灯 摇摆旋转式	10套	1.0000

十、安全变压器及民用电器安装

工作内容:1. 安装、接线、接地。
2,3,4. 安装。

定额编号			B-1-11-63	B-1-11-64	B-1-11-65	B-1-11-66
项目			安全变压器安装	电铃安装	电铃号牌箱安装	门铃
			台	套	套	10个
预算定额编号	预算定额名称	预算定额单位	数量			
03-4-12-338	安全变压器安装 容量500V·A以下	台	0.3000			
03-4-12-339	安全变压器安装 容量1000V·A以下	台	0.3000			
03-4-12-340	安全变压器安装 容量3000V·A以下	台	0.4000			
03-4-12-341	电铃安装 直径100mm以内	套		0.3000		
03-4-12-342	电铃安装 直径200mm以内	套		0.3000		
03-4-12-343	电铃安装 直径300mm以内	套		0.4000		
03-4-12-344	电铃号牌箱安装 规格10号以内	套			0.3000	
03-4-12-345	电铃号牌箱安装 规格20号以内	套			0.3000	
03-4-12-346	电铃号牌箱安装 规格30号以内	套			0.4000	
03-4-12-347	门铃 明装	10个				0.6000
03-4-12-348	门铃 暗装	10个				0.4000

工作内容：1. 安装、调速开关安装。
2，3，4. 安装。

定额编号			B-1-11-67	B-1-11-68	B-1-11-69	B-1-11-70
项目			风扇安装	浴霸安装接线	插卡取电开关	多联组合开关插座
			台	台	10套	10套
预算定额编号	预算定额名称	预算定额单位	数量			
03-4-12-349	吊风扇安装	台	0.4000			
03-4-12-350	壁扇安装	台	0.6000			
03-4-12-351	浴霸安装接线	台		1.0000		
03-4-12-361	开关及按钮 插卡取电开关	10套			1.0000	
03-4-12-364	多联组合开关插座 明装	10套				1.0000
03-4-12-388	风扇调速开关	套	1.0000			

工作内容：安装。

定额编号			B-1-11-71	B-1-11-72	B-1-11-73	B-1-11-74
项目			密闭开关	地埋暗插座	须刨插座	防爆插座
						单相安全插座
			10套	10套	10套	10套
预算定额编号	预算定额名称	预算定额单位	数量			
03-4-12-367	开关及按钮 密闭开关	10套	1.0000			
03-4-12-376	埋地单相安全插座 16A以下	10套		0.2000		
03-4-12-377	埋地单相安全插座 32A以下	10套		0.2000		
03-4-12-378	埋地三相安全插座 16A以下	10套		0.3000		
03-4-12-379	埋地三相安全插座 32A以下	10套		0.3000		
03-4-12-380	须刨插座 16A以下	10套			1.0000	
03-4-12-381	防爆插座 单相安全插座 16A以下	10套				0.3000
03-4-12-382	防爆插座 单相安全插座 32A以下	10套				0.3000
03-4-12-383	防爆插座 单相安全插座 63A以下	10套				0.4000
03-4-11-402	防爆接线盒(铸铁)安装	10个				1.0000
03-4-11-403	地坪内安装插座盒、接线盒(铸铁)	10个		1.0000		

工作内容:安装。

定　额　编　号			B-1-11-75
项　　目			防爆插座
			三相安全插座
			10套
预算定额编号	预算定额名称	预算定额单位	数　　量
03-4-12-384	防爆插座 三相安全插座 16A以下	10套	0.3000
03-4-12-385	防爆插座 三相安全插座 32A以下	10套	0.3000
03-4-12-386	防爆插座 三相安全插座 64A以下	10套	0.4000
03-4-11-402	防爆接线盒(铸铁)安装	10个	1.0000